MOM FIRST

—— 맘 퍼스트 ——

엄마가 행복한 육아

MOM FIRST

—— 맘 퍼스트 ——

엄마가 행복한 육아

정지연 지음

북드림

엄마의 치유가 최우선이 되어야 한다!

육아는 존재와 존재의 만남이다. 엄마와 자녀라는 존재가 만나 신체와 감정의 역동적인 교류가 이루어지는 현장이 바로 육아 생활이다. (이 책에서는 육아의 주체를 엄마로 한정 지어 이야기하고자 한다.) 육아는 아이의 세계를 만드는 토대이자 그 세계를 살아내는 데 꼭 필요한 지혜를 전해 주는 과정이다. 그런 만큼 지혜를 전달받는 아이의 심리와 환경을 잘 고려하는 것 못지않게 그것을 전달하는 엄마의 심리와 환경도 세심히 배려되어야 한다. 그랬을 때 두 존재의 만남이 좋은 토대를 만들고 소중한 지혜를 온전히 전달하는 시너지를 발휘할 수 있기 때문이다. 그런데 존재와 존재의 만남이어야 할 육아가 어느 한쪽의 존재에게 기울어 있다면 그 만남은 건강한 방향으로 흐를 수 없다. 기울어진 방향으로 흘려보내기만 한다면 한쪽은 금세 고갈되고 말 것이라는 건 당연한 이치이다.

정신없이 똑같은 과정이 반복되는 육아의 여정에서는 어떤 강철 같은 엄마라도 지치게 마련이지만, 육아에서 엄마의 존재는 늘 희미하기만 하다. 우리 사회의 어느 누구도 육아라는 과정이 중요하다는 데 이의를 제기할 사람은 없을 것이다. 작게는 하나의 존재이고, 조금 확장해서는 한 가족의 일원이며, 더 크게는 우리 사회의 한 구성원인 소중한 존재를 건강하게 길러내기 위한 토대이기 때문이다. 그런데 이 육아의 과정에서 엄마의 희생이 당연한 것으로 인식되고 있다. 육아는 엄마가 해야 하는 일이며, 아무리 그 과정이 외롭고 힘들어도 숭고한 '모성애'로 극복하는 것이 이상적인 엄마의 모습이라고 정형화되어 있다. 육아를 하는 엄마들이 가장 많이 듣는 "엄마니까", "엄마잖아"라는 말 속에는 엄마의 일방적 희생을 강요하는 세상의 인식이 깃들어 있는 듯하다.

더욱이 최근의 현실은 육아를 더욱 쉽지 않은 여정으로 만들고 있다. 과거에 비해 여성은 활발한 사회활동을 이어가고 있다. 그러나 엄마가 되면 새로운 역할이 부여되고 다양한 변화가 뒤따른다. 더구나 엄마라는 역할은 제대로 적응할 여유조차 없이 바쁘게 흘러가면서 기존에 유지해 왔던 생활과 관계에는 균열이 생긴다. 몸도 마음도 지쳐 있지만 엄마이기에 많은 인내와 희생이 요구되고, 사회생활에서도 완벽히 자기 몫을 할 것이 요구된다. 이런 상황에서 엄마가 자신의 고통을 드러내기란 쉽지 않기 때문에 점점 자신의 감정을 뒤로 미루는 데 익숙해져만 간다.

엄마가 육아를 하면서 겪는 이 복합적인 감정의 소모는 어떻게 해결할 수 있을까? 육아에 익숙해져서 다양한 육아 기술을 습득하면 해결될 수 있을까? 결코 아니다. 엄마 자신을 다독이고 추스를 여유조차 없는데 육아 자체에만 익숙해진다고 해서 지친 마음까지 다독여지진 않는다. 매일매일 아이를 건사하는 방법에는 익숙해져 육체적으로는 덜 힘들지 몰라도, 마음속의 고단함과 짜증과 공허함이 해소되지 않아 혼란스러움마저 생길 것이다.

엄마의 혼란과 지친 마음은 다양한 형태로 아이에게 그대로 전달될 수밖에 없다. 그러나 여전히 육아라는 행위 자체만을 중시한 나머지 '엄마가 희생할 수밖에 없는 일이야'라거나 '애가 아직 어리니까 일단 육아에 신경 쓰자'라는 생각으로 엄마의 마음을 방치한다면 아이는 엄마의 흔들리는 마음과 불안한 에너지를 그대로 흡수하며 자란다. '아이를 위해서'라는 명분으로 아이에게만 기울어진 육아가 엄마와 아이 모두에게 악영향을 끼치는 악순환을 언제까지 당연한 듯 받아들여야 하는 걸까?

나의 육아를 되돌아봐도 크게 다르지 않다. 독박 육아, 불안 육아, 강박 육아, 멘탈 붕괴 육아, 방황과 고립의 육아. 육아는 나에게 참 많은 것을 경험하게 해주었다. 공황 장애와 강박, 만성적인 불안의 지배를 받는 속에서 늘 에너지는 빨리 소모되었고 그만큼 힘겨운 육아 여정이 이어졌다. 그럼에도 불구하고 나는 좋은 엄마가 되고 싶었다. 그래서 각종 육아 서적을 찾아 읽었고, 내가 아이에게 나쁜 영향을 주지는 않을지 고민하면서 아이가 나보다 건강하고 좋은 삶을 살도록 도와주고 싶었다. 그것이 엄마의 당연한 임무이자 자연스럽고 아름다운 모습이라고 생각했다.

그러나 이런저런 방법을 찾고 조금 더 잘해 보려고 방방 뛰며 노력했음에도 되는 것은 하나도 없었다. 온화함? 무한한 사랑? 마음속에 결심한 이런 가치들은 육아의 일상 속에서 힘을 잃고 픽픽 쓰러지기 일쑤였다. 과한 욕심으로 가중된 육아의 육체적 고됨과 정신적 피로는 짜증과 화를 증폭시켰고 급기야 어떤 측면에서는 육아를 망치는 결과까지도 낳고 말았다.

그런 악순환의 시간을 거치면서 깨달은 것이 있다. '엄마가 우선이 되어야만 아이에게 따뜻한 사랑과 좋은 생각을 물려줄 수 있다'는 것이다.

육아에 지친 나는 육아 안에서 흔들리고 희미해진 나의 존재를 되찾아 육아 담당자인 엄마가 아니라 그 자체로 소중한 인간 정지연으로 다시 중심을 잡고 싶었다. 그러기 위해 나는 내게 마음의 병이 생겼다는 사실을 인정하고 나 자신을 치유하는 길을 선택했다. 심리 치유의 방법을 찾아서 공부하고, 공부한 것을 꾸준히 실천해 나갔다. 그런 노력들이 이어지자 나의 시야를 흐리게 했던 온갖 괴로운 감정들, 나를 꽁꽁 둘러싸고 있던 마음속 상처들, 나를 지치게 만든 일상 속 스트레스들이 하나씩 벗겨지기 시작했다. 그제야 소중한 한 인간으로서 나의 존재가 보였고, 소중한 내 아이들의 존재도 또렷이 보였다. 육아에서 비롯된 마음의 상처들을 치유하자 나라는 존재는 물론이고 내 아이들의 존재까지 되살아나는 진정한 육아가 다시 시작되었다. 그래서 나는 "엄마도 치유가 필요하다. 엄마부터 치유하자!"고 말한다.

잊을 만하면 한 번씩 가슴 아픈 뉴스를 접하게 된다. 육아 스트레스와 심적인 고통을 견디지 못해 극단의 선택을 한 엄마들의 이야기다. 그들이 자신부터 치유하는 것이 가장 중요하다고 알고 있었다면, 상처 가득한 자신을 돌보는 방법을 알았더라면, 상처를 치유하는 데 참고할 무언가가 있었더라면 그런 끔찍한 선택을 하지는 않았을 텐데……. 하지만 이것은 뉴스를 장식하는 몇몇 엄마만의 문제가 아니다. 정도의 차이가 있을 뿐, 우리 주변의 많은 엄마는 육아의 행복보다는 힘겨움을 털어놓기에 바쁘지 않은가. 엄마들이 겪는 고충의 성격과 크기는 저마다 다르겠지만 결론은 하나다. 육아는 정말 힘들다는 사실이다.

지금 이 순간에도 우리가 보지 못하는 어느 곳에서 스스로의 힘겨움을 참아가며 아이를 돌보는 엄마들이 있을 것이다. 하지만 우리 엄마들이 육아의 고단함과 마음의 상처를 치유할 통로를 찾기는 어렵다. 육아의 중심이 엄마가 아니었기에 육아라는 정말 중요한 일을 해내고 있음에도 불구하고 엄마들을 위한 솔루션이 터무니없이 부족한 실정이다. 엄마가 행복해야 아이가 행복하다고? 너무도 당연한 이야기이지만, 과연 그 행복을 어디에서 찾아야 하는 걸까? 엄마부터 치유해야 된다면 어떻게 치유해야 하며, 어디서부터 시작해야 할까? 육아 안에서 엄마가 자신을 돌보며 스스로를 건강한 존재로 세울 수 있는 유용하고 현실적인 방법이 정말로 필요하다.

그래서 나 자신을 치유했던 방법과 그 치유의 과정 속에서 느끼고 알게 된 것들을 감히 공유해 보고 싶어졌다. 내가 경험한 치유의 방법이 유일하거나 최고의 것은 아니겠지만 엄마들이 쉽게 이해할 수 있는, 매우 간편하고 유용한 방법이라는 확신이 들었기 때문이다.

이 시대를 살아가며 수많은 관계와 자극 속에서 허우적대는 우리 모두는 치유의 대상이다. 그중에서도 육아라는 울타리에 갇혀 생활의 많은 부분을 제약 받고 다양한 스트레스도 감내해야 하는 엄마들이야 말로 치유가 필요한 최우선적 대상이다. 치유라는 용어를 사용한다고 해서 대단한 기준을 세울 필요는 없다. 본연의 모습을 되찾으려는 노력과 본연의 건강함을 회복해 가는 모든 여정이 치유다.

엄마의 치유는 엄마 자신을 소중한 존재로 다시 세워줄 것이다. 육체적 피곤과 다양한 감정 앞에 휩쓸리기 쉬운 육아의 일상 속에서 중심이 흔들리지 않는 엄마를 만들어줄 것이다. 마음의 여유가 생기면 눈앞에 펼쳐진 상황을 똑바로 바라보고 지혜롭게 대처하는 힘도 생기기 마련이다. 이러한 조건이 갖춰졌을 때 비로소 존재와 존재가 상승의 에너지를 교류하는 육아, 마음과 마음이 통하는 행복한 육아가 시작된다. 그러므로 엄마의 치유는 그 어떤 육아 조건이나 기술보다 가장 중요하며 가장 먼저 이루어져야 하는, 성공 육아의 전제 조건이다.

잠깐이면 된다. 바쁘고 고된 육아의 일상에서 벗어날 수는 없지만, 매일 잠깐만 시간을 내어 자기 자신을 바라보고, 마음의 상처와 아픔을 만나고, 자신을 힘겹게 만드는 것들을 하나하나 누그러뜨리는 연습을 꾸준히 해보자. 그 연습을 조금 더 쉽고 효과적으로 할 수 있는 방법을 이 책이 안내해 줄 것이다.

이 세상 엄마들은 모두 행복해야 한다. 그 행복의 씨앗은 아이들에게 에너지를 불어넣을 것이고, 엄마의 행복을 먹고 자란 아이들은 세상을 좀 더 행복하고 가치 있게 만들어가는 소중한 사람이 될 것이다.

자존감이 끝없이 바닥을 치던 시절, 매일매일 병적인 불안감을 힘겹게 버티던 내가 치유의 여정을 통해 마음을 다스리자 다시 행복해질 수 있었다. 그것이 내 아이들의 행복이 되고, 가족의 행복이 되었다. 나의 경험과 작은 노하우가 담긴 이 책이 많은 엄마들을 행복한 육아로 안내할 수 있기를 진심으로 기도한다.

2020년 늦가을,
정지연

당신은 소중하다.
당신은 사랑이다.
당신은 위대하다.
당신은 힘이 있다.

CHAPTER 6

균형
균형을 맞추면 우리는 윈-윈 한다

|

CHAPTER 1

—

감정

감정이 풀리면 육아가 풀린다

모든 감정은 우리가 살아가는 데 꼭 필요한 도구이자
자신을 표현하는 메시지일 뿐이다. 따라서 우리는 자신의 감정을 억압하는 것이 아니라
건강하게 활용하면서 조절하는 연습을 해나갈 필요가 있다.

제정신이야?
왜 이렇게 감정이 요동치지?

"이제 씻자~ 오늘은 간단히 세수, 손발, 양치만 할 거야. 누구 먼저 씻을래?"

아이들은 나의 질문에 관심이 없는 듯 아무런 반응이 없다.

"그럼 가위바위보를 해서 이긴 사람이 결정하기!"

나는 가장 민주적이고 빠른 방법인 가위바위보를 선택했다. 합리적 절차 아래 둘째 아이가 먼저 씻기로 결정되었다. 하지만 둘째는 자기가 먼저 씻어야 한다는 사실이 못마땅한 듯 보인다.

"아~ 해. 입을 크게 벌려야 치카를 잘할 수 있지. 더 크게 벌려 봐."

나의 요구에도 아이는 아랑곳하지 않는다. 오히려 입을 '오~' 하고 오므린다.

"휴~우." 점점 내 인내심의 한계가 느껴진다. 아이는 이내 몸을 비비 꼬아댄다. 나는 화를 꾹꾹 눌러 참고 몇 번을 어르고 달래가며 양치질을 시켰다. 칫솔에 목이 찔릴까 걱정이 되면서도 '이 녀석이 일부러 이러나?' 하는 생각과 함께 짜증이 올라온다.

"가만히 좀 있어!!"

결국은 큰소리를 내고 말았다. 아이는 엉엉 울면서 억울함을 호소했다. 몇 분이면 끝날 일인데 감정 소모가 많아지자 멘털이 너덜너덜해졌다. 어쨌든 험난한 과정 끝에 1번 타자 씻기기 완료. 이제 2번 타자 차례다.

"빨리 와! 씻게!!"

화가 섞인 목소리로 첫째 아이를 부른다. 아이는 자기 놀이에 빠져 있다. 나는 경고성 숫자를 센다.

"지금부터 다섯을 센다. 그 전에 안 오면 엄마 변신해. 하나! 둘! 셋! 넷!"

분위기의 심각성을 인지한 아이는 후다닥 뛰어온다. 첫째 녀석도 겨우 씻겼다.

아이들을 잠자리에 눕히고 나도 눕는다. 엄마한테 혼이 난 둘째는 계속 안아달라며 징징거린다. 일단 재워야겠다는 생각에 영혼 없이 아이를 달래며 재우기에 돌입한다.

"휴~우." 드디어 아이들이 잠들었다. '오늘 하루도 이렇게 마무리되었네……' 안도의 한숨을 쉬어본다. 정신을 차리고 보니 나에게 야단맞은 둘째의 모습에 눈에 들어온다. 아이의 얼굴을 쓰다듬는다. '한 번만 더 참을 걸…….' 후회가 밀려오며 미안해진다.

아이를 낳기 전에는 내가 이런 엄마가 되리라고는 상상도 하지 못했다. 온화하고 인내심 있게 아이들의 말을 경청하는 엄마가 될 거라 수없이 다짐했다. 그러나 현실은 달랐다. 매일매일 아이들과 티격태격하며 변화무쌍한 감정들을 경험해야만 했다. 온화한 엄마는커녕 내 성격조차 점점 괴팍해지는 것만 같았다.

내가 왜 이렇게 변한 것일까? 아이를 낳기 전, 나는 쉽게 흥분하거나 화를 내는 사람이 아니었다. 오히려 차분하고 이성적인 사람에 가까웠다. 그런데 이상하다. 아이들이 나를 바꿔놓은 것 같다. 때로는 화가 치밀게 하고, 때로는 격하게 눈물 나게 했으며, 때로는 후회와 죄책감에 잠 못 이루게도 했다. 더욱 놀라운 건 이런 감정이 하루에도 몇 번씩 널뛰기를 한다는 사실이다. '내가 제대로 된 엄마일까?', '내가 잘하고 있는 게 맞나?' 스스로에게 자꾸만 의심이 드는 가운데 점점 더 나 자신을 알 수가 없어 답답할 뿐이었다. 정말 궁금했다.

그러던 중 책 한 권이 나에게 설득력 있게 다가왔다. 정신건강의학과 전문의 윤홍균의 〈자존감 수업〉. 저자는 이 책에서 감정 조절이 힘들 수밖에 없는 상황을 설명하는데, 세상에…… 책에 나열된 상황의 대부분이 내가 육아를 하면서 겪는 것이었다. 저자가 말하는 감정 조절이 힘든 상황은 ▲가족과 관련된 일 ▲술을 마신 경우 ▲배가 고프거나 수면 부족인 경우 ▲사랑에 빠진 경우 ▲자신과 비슷한 상황을 접했을 경우 이렇게 다섯 가지다. 그런데 실제로 육아를 하는 엄마들은 이 다섯 가지 중 네 가지 상황을 자연스럽게 그리고 반복적으로 겪고 있었다.

먼저 가족과 관련된 일이다. 엄마와 아이는 끈끈한 혈연관계를 맺고 있다. 특히 임신 기간 동안 한 몸처럼 지내면서 많은 시간에 걸쳐 책임감과 애정을 쏟은 특별한 관계이기도 하다. 그러므로 엄마가 아이의 감정에 몰입하게 되는 것은 자연스럽다. 때로는 아이의 감정과 자신의 감정을 구분하기 어려운 모호한 상태를 겪기도 하다.

두 번째, 배가 고프거나 수면 부족인 경우다. 인간의 몸은 이러한 상황을 위기 상황으로 인식하기 때문에 저절로 생존을 위한 본능에 치중하게 된다고 한다. 육아를 하는 일상을 떠올려보자. 엄마는 아이를 돌보느라 정신이 없어 자신의 식욕을 채울 여유조차 없다. 모두가 잠든 밤에도 아이를 보살피느라 잠이 부족한 경우도 다반사다. 이렇게 자신의 기본 욕구조차 돌볼 여유가 없다 보니 저절로 이성보다는 본능에 치중하게 된다. 따라서 육아를 하는, 특히 갓난아이를 키우는 엄마들이 이성적으로 감정을 조절하기 어려워지는 것은 자연스러운 현상이다.

세 번째, 사랑에 빠진 경우다. 사람이 사랑에 빠지면 부정적인 감정을 느끼면 안 된다는 생각 때문에 과도하게 감정을 억압한다고 한다. 그런데 엄마는 아이와 사랑에 빠져 있다. 사랑하는 아이를 위해서라면 왠지 긍정적인 생각만 해야 할 것 같은 마음이 들어서 부정적인 생각은 되도록 억누르려고 했던 기억을 엄마라면 다들 가지고 있을 것이다. 그러나 자연스러운 감정의 변화를 억압하는 것은 거짓 감정을 표출시키기 때문에 결과적으로 감정 조절이 어려워지는 상황을 만든다.

네 번째, 자신과 비슷한 상황을 접했을 때다. 앞서 이야기했지만 엄마와 아이는 *끈끈한* 혈연관계를 맺고 있다. 따라서 엄마는 아이가 겪고 있는 일이 마치 자신의 일인 것처럼 몰입하는 경우가 많다. 더구나 그 일이 엄마의 과거 경험과 비슷할 경우에는 그때의 경험과 감정이 되살아나서 감정을 조절하기가 더욱 어려운 상황이 발생한다.

여기에 엄마들만이 처할 수 있는 또 다른 상황을 추가하자면, 엄마가 되고 나서 겪게 되는 많은 변화가 마치 제2의 사춘기와도 같다는 사실이다. 임신과 출산은 급격한 호르몬의 변화를 몰고 오기 때문에 감정의 기복이 심해지는 것은 당연하다. 또 아이를 낳은 뒤 생활과 역할에서 오는 변화도 무시할 수 없다. 기존에 겪어보지 않은 새로운 조건과 맞닥뜨리면 그 안에서 다양한 고민과 갈등이 생겨나게 된다. 사춘기 아이들이 어른이 되려고 질풍노도의 시기를 겪듯 엄마도 엄마됨에 적응해 가는 질풍노도의 시기인 것이다. 감정의 변화가 심해지는 만큼 감정 조절 역시 어려워지는 것이며, 이는 몇몇 엄마만의 문제가 아니다.

이처럼 여러 이유를 생각해 봤을 때, 변화무쌍한 감정 변화는 엄마에게 있어서 자연스러운 현상이라고 할 수 있겠다. 그리고 이것이 자연스러운 현상이라면 급격한 감정의 변화가 있더라도 스스로를 자책하거나 아이에게 미안한 마음을 갖지 않는 것이 무엇보다 중요하다. 스스로를 또는 누군가를 원망하는 일에 많은 에너지를 소비하면 이는 감정 조절을 어렵게 하는 또 다른 원인이 된다. 그러므로 자신이 처한 현실을 이해하고 스스로를 다독이면서 감정을 잘 다스릴 수 있는 방법을 찾는 일에 에너지를 쏟는 것이 바람직하다.

오늘도 엄마를 괴롭히는
육아 감정들

● 불안

아뿔싸! 또다시 사건이 터졌다. 어린이집 교사가 아이를 학대했다
는데, 그 동영상이 여기저기 돌아다닌다. 온라인 뉴스에서도 화제가
되고 있지만 두려워서 동영상을 확인할 수가 없다. 아이가 학대당한
것이 남의 일 같지 않아서 영상을 보고 나면 힘들어질 게 뻔하기 때문
이다. 그리고 불안해질 것이다. 이런 일이 생기면 미디어에서는 앞다
퉈 어린이집의 학대 사례를 내놓기에 바쁘다. 보육 교사의 처우나 어
린이집 운영의 문제점과 관련된 비판도 쏟아진다. 나 또한 세상에 불
신이 생겨서 아이가 다니는 어린이집을 마냥 편안한 시각으로 바라보
기가 어렵다. 참 무서운 세상이다. 하루가 멀다 하고 끔찍한 살인 사

건들이 보도되고, 가까운 이웃 사이에서도 강력 범죄가 일어난다.

그러다 보니 다른 사람을 믿고 싶어도 쉽게 믿을 수 없는 사회가 되어버렸다. 아이들이 맘껏 뛰어놀아야 할 놀이터도, 각종 교육 기관도, 가까운 이웃조차도 안전하다고 믿고만 있기에는 걱정이 앞선다. 보통 문제가 아니다. 장차 내 아이들이 살아가야 할 세상인데, 과연 이 험한 세상에서 내 아이를 어떻게 지켜내야 하는 걸까.

가스 밸브를 몇 번씩 확인했다. 분명히 잠근 것 같은데 그래도 찜찜하다. 적어도 2~3번은 확인하고 잠자리에 누워야 안심이 된다. 머릿속에 불안한 생각이 스친다. 아이가 어딘가에서 떨어지는 생각, 크게 다치는 생각……. 이런 생각들이 나도 모르는 사이에 머릿속을 가득 채우고 지나갔다. 불안했다. 말도 안 되는 생각을 하며 일어나지도 않은 일을 걱정하는데 이런 나를 스스로 통제할 수가 없다. 내가 나를 알 수가 없어 병원에 갔다. 강박증이라고 한다. 의사가 놀라운 한 마디를 던진다.

"엄마들이 아이 낳고 흔히 겪는 증상이기도 해요."

아이를 낳고 열심히 키우기만 하면 되는 줄 알았더니 예상치 못한 강박증까지 생겨버렸다. 그런데 이런 감정이 아이를 낳고 나서 흔히 생기는 것이라니…….

엄마의 불안은 자연스러운 본능이다. 육아 전문가인 오은영 박사의 말을 빌려 설명하자면, 인간이 성인으로 잘 자라기 위해서는 오랜 시간 돌봄이 필요하다. 그런데 엄마의 불안은 아이를 지켜내고자 하는 모성의 보살핌을 만들어준다. 즉, 엄마의 불안은 아이를 지키고자 하는 모성의 본능적 욕구이며, 그렇기 때문에 엄마가 불안을 느끼는 것은 당연하고 자연스럽다. 문제는 육아를 하면서 맞닥뜨리는 여러 상황과 이 사회의 각종 사건 사고가 엄마의 불안을 더욱 자극한다는 점이다. 특히 그것이 나의 경우처럼 병적인 불안을 가져온다면 육아가 더욱 힘들어질 수밖에 없다. 그러므로 이런 불안을 최대한 자연스럽게 마주하고 적절히 조율할 방법이 필요하다.

● 외로움

"딩동~"

벨이 울렸다. 나는 기분 좋게 뛰어가 문을 열었다. 택배 아저씨다. 오랜 검색 끝에 구입한 육아용품들이 드디어 배달되어 왔다. 택배 기사님은 나에게 산타 할아버지이자 유일한 방문객이었다. 남편은 회사 일로 늘 바빴다. 집에 늦게 들어오는 것은 당연한 일상이었으며, 출장이 잦아 다른 지역에 있는 날도 많았다. 결혼과 동시에 연고가 없는 지역에서 살게 된 나는 당연한 일인 양 홀로 육아를 책임지게 됐다. 말 그대로 '독박 육아'의 반복이었다. 독박 육아의 현장은 늘 정신없이 바쁘게 돌아간다. 아이들과 씨름하며 우왕좌왕하다 보면 어느새 늦은 밤이 되기 일쑤였다. 그런데 이렇게 바쁘고 할 일이 산더미 같은 와중에도 마음 한구석은 늘 비어 있었고, 아이를 재운 뒤 혼자서 우는 것밖에는 할 수 있는 게 아무것도 없었다. 더 슬펐던 건 내가 없어도 세상은 참 빠르게 잘 돌아간다는 사실이었다. 나의 인생 시계만 육아와 함께 멈춰버린 것 같은 생활. 새로운 곳에서 하나둘 사람을 알아가기 전까지 나는 마치 멈춰버린 것 같은 시간을 버텨내야 했다.

한 번씩 대형 마트에 가는 것이 거의 유일한 외출이었다. 둘째가 태어난 지 100일도 되기 전이었는데 남편이 다른 지역에서 파견 근무 중이라 우리는 격주 주말부부로 지냈다. 나 혼자서 24시간 꼬박 아이 둘을 돌봐야 하는 전쟁 같은 육아. 피곤하고 정신없는 일상이 이어졌고, 외출은 엄두도 내지 못할 일이었다. 아이들과 함께 가까운 놀이터에 나가는 게 외출의 전부인 나에게 2주에 한 번씩 집에 오는 남편은 구세주나 다름없는 존재였다. 남편과 함께 아이들을 데리고 대형 마트에 가는 것은 유일한 기다림이자 숨통이 '뻥!' 하고 트이는 일이었다.

그런데 하루는 마트에서 마주친 사람들이 둘째 아이를 보면서 수군거리는 얘기가 들려왔다.

"어머, 저렇게 어린 아기를 데리고 나왔네."

아직 신생아 티를 벗지 못한 작은아이를 보며 별 뜻 없이 한 말이었겠지만, 그 쉬운 한 마디가 나를 생각 없는 엄마로 만들어버리는 것 같았다. 그들은 아이에게 또 한 마디를 던졌다.

"넌 힘들게 벌써부터 왜 나왔니?"

순간 서글픔이 왈칵 밀려 왔다. 그리고 혼자서 속으로 이 말을 삭여야 했다.

'나도 집에만 있으면 너무 힘들잖아…….'

누군가와 소통을 하고 싶었다. 함께 인간다운 대화를 나누며 나 자신도 살아 있음을 느끼고 싶었다. 세상으로 나아가서 이 세상에 나 또한 존재함을 느끼고 싶었다. 그러나 아이를 키우는 환경 안에서는 많은 것이 나를 가로막았다. 물론 아이가 옆에서 잘 자라나는 모습을 지켜보고 있으면 기쁘고 뿌듯했다. 하지만 아이로 인한 기쁨이 나의 마음을 모두 채워줄 수는 없는 노릇이었다. 이렇게 공허했던 내 마음에는 외로움이 가득했다.

인간이 사회적 동물이라고 불리는 것은 외로움을 느끼기 때문이라고 볼 수가 있다. 외로움을 느끼기에 우리는 다른 이들과 소통하며 공동체를 형성해 살아간다. 그러므로 외로움은 누구나 겪을 수 있는 당연하고 자연스러운 감정이다. 외로움 자체는 문제가 되지 않지만 이것이 너무 오래되고 깊어져 생각과 행동에 부정적인 영향을 미친다면 문제는 심각해질 수 밖에 없다. 그런데 육아는 엄마의 외로움을 더욱 크게 자극하는 환경이 되기에 엄마는 날마다 자신의 외로움과 마주하며 버텨내야 하는 상황이 이어진다.

대부분의 엄마는 출산과 동시에 세상과의 격리를 겪는다. 먼저 몸을 회복하기 위해 외출을 자제하고 휴식을 취한다. 아이 또한 질병에 취약하기 때문에 안전한 공간에서 보살핌을 받으면서 생활을 한다. 그렇게 엄마와 아이는 서로에게 집중하며 함께하는 시간을 보낸다. 회복 기간이 끝나고 외출을 하려 해도 아이의 컨디션을 살피고, 날씨도 체크해야 하므로 원할 때 마음껏 나갈 수가 없다. 더구나 외출을 위해 챙겨야 할 짐도 가득하다. 인간관계에서도 제약이 많다. 바쁜 육아 일상에 쫓기다 보면 친구를 만나는 것도 쉬운 일이 아니다. 가장 가까이하고 싶은 남편은 정말 화성에서 온 것일까? 어느덧 각자의 활동 영역이 달라져 있고 서로 대화가 안 된 지 오래다. 하루 종일 엄마와 함께하는 아이는 자신의 언어로만 떠들 뿐이다. 맘 카페가 활성화하는 이유가 어쩌면 여기에 있는지도 모르겠다. 외출이 자유롭지 않고, 소통이 어려운 엄마들이 맘 카페에서만큼은 서로를 공감하면서 타인과 교류할 수 있기 때문이다. 어쨌든 엄마는 외롭다. 그래서 오늘도 아이와 함께 자신의 외로움을 견뎌내고 있다.

◦ 화

아이들을 씻기고 잠자리를 준비했다. 아이들을 재운 후에 하고 싶은 일이 있었다. 그래서 아이의 기분을 좋게 하기 위해 요구를 들어주고 비위를 맞춘다. 자장가 틀어주기, 이런저런 이야기 들어주기, 잠이 들 때까지 토닥토닥해 주기. 아, 점점 손목이 욱신거린다. 이만큼 했으면 잠이 들만도 한데 아이들 눈은 말똥말똥하다. 잠잘 기미가 전혀 없다. 갑자기 한 아이가 일어나서 말했다.

"엄마, 잠깐만 이불 좀 덮고."

잠시 후 또 말했다.

"엄마, 잠깐만 쉬 좀 하고."

잠시 후 또 말했다.

"엄마, 잠깐만⋯⋯."

"엄마, 잠깐만⋯⋯."

점점 인내심이 한계치에 도달해 간다.

"아! 빨리 자!"

결국은 또 큰소리를 내고야 말았다. 그제야 상황 종료. 아이들은 곱게 잠이 들었다.

화는 보통 '이건 뭔가 잘못됐어', '내 생각과 달라' 이런 생각에서 비롯된다. 그래서 화라는 강한 에너지로 어필하면서 상황을 개선하려하고, 상대를 바꾸려고 한다. 그러나 화는 서로에게 큰 상처를 남긴다. 아이는 엄마의 화로 인해 두려움에 떨게 되고, 엄마는 화를 조절하지 못한 행동 때문에 죄책감이 이어지고, 또 다른 불편한 감정들을 만든다.

물론 많은 엄마는 알고 있다. 화를 내는 엄마의 행동이 아이의 정서에 좋지 않은 영향을 미친다는 것을. 그걸 알면서도 자꾸 화가 나는 이유가 뭘까? 그 이유를 곰곰이 생각해 보니 다음과 같이 분류할 수 있었다.

첫 번째는 기대다. 아이가 엄마의 기대에 미치지 않을 때 엄마는 화가 난다. 엄마의 기대가 높을 수도 있다. 그 기대가 아이를 통해 엄마 자신의 결핍을 채우려는 욕심일 수도 있다. 이럴 때에는 엄마의 기대를 낮추고 결핍을 채울 수 있는 다른 방법을 찾는 것이 필요하다. 한편 엄마가 자기 스스로에게 가지는 기대도 있다. 더 좋은 엄마가 되고 싶고, 더 나은 육아 환경을 만들고 싶은 기대로 인해 뜻대로 되지 않는 현실을 바라보며 화나는 감정을 만들어낸다. 자신에게 가지는 화가 아이에게로 이어지는 것이다.

두 번째는 욕구 상충이다. 엄마에게도 욕구가 있다. 그런데 아이를 키우면서 엄마의 욕구를 모두 충족시키기는 어렵다. 아이와 엄마의 욕구가 상충되는 일들은 자주 발생한다. 예를 들어 엄마는 지쳐서 쉬고 싶은데, 아이는 한없이 놀아달라고 요구한다. 서로의 욕구가 부합하지 않는 상황에서 아이의 말을 들어주는 데는 한계가 있다. 이 안에서 엄마는 또다시 화가 부글부글 끓는다. 엄밀히 따지면 첫 번째에서 언급했던 기대와 욕구의 상충 문제는 서로 연결된 관계일 수도 있다. 엄마가 어떤 욕구가 있기 때문에 아이에게 기대도 하게 되는 것이다.

세 번째는 작은 것들의 반복이다. 대부분의 엄마가 처음부터 무작정 화를 내지는 않을 것이다. 처음에는 작은 것으로 시작한다. 작은 것이기에 참으면서 상황을 모면할 수가 있다. 그러나 이것이 쌓이고 쌓이면 눈덩이처럼 커진다. 출구가 없는 듯이 반복되는 육아와 반복되는 부정적인 감정의 결합은 눈덩이처럼 쌓인 화의 감정을 폭발하게 한다.

네 번째, 육아가 아닌 다른 것 때문이다. 육아뿐 아니라 주변의 다른 상황에 의해 스트레스를 받으면 엄마는 예민해진다. 예민한 상태에서는 아이의 작은 행동도 여유롭게 바라보기가 어렵다. 이로 인해 엄마는 아이를 향한 화로 자신의 스트레스를 쏟아내게 된다.

사실 육아 상황에서 화를 내는 특정 원인을 콕 집어 말하기는 어렵다. 앞서 말한 요인들의 복합적인 작용이며, 각자의 상황에 따라 부가적인 다양한 원인이 존재하기 때문이다. 어쨌든 엄마의 화는 자연스러운 감정이다. 그렇다고 무작정 화를 표출할 수도 없는 노릇이다. 따라서 화를 건강하게 표현하면서 해소하는 방안이 필요하다.

● 죄책감

친정 엄마와 통화를 했다.
"애들 키우느라 쪼들리는데 도와주지 못해서 미안해. 엄마도 요즘 여유가 없네."
이제 마음 편히 사시면 좋으련만, 엄마는 아직도 무언가를 더 주어야 할 것 같은가 보다. 미안해하는 엄마의 모습에 가슴이 아프고 눈물이 핑 돌았다. 애써 참으며 이렇게 답했다.

"엄마, 나 진짜 괜찮아. 잘 지내고 있어. 그러니까 신경 쓰지 말고 엄마는 그냥 건강하게 지내기만 하면 돼."

엄마는 말했다.

"그래도 우리 딸이 계속 안쓰럽다. 돈 쓰기 좋은 요즘 시대에⋯⋯."

엄마는 한없이 미안해한다. 그런데 나는 정말 괜찮았다. 그리고 내가 엄마에게 진짜 원했던 건 특별한 도움이 아니라 건강하고 행복하게 살아가는 엄마의 모습이었다. 그것이 더 소중하고 감사한 모습이었다.

그런데 나라고 별반 다를 건 없었다. 마냥 미안했다. 갓 태어난 아이는 악을 쓰며 울기를 반복하는데 이 울음소리는 나를 초조하게 했다. 울음을 멈추게 할 수만 있다면 무엇이든 해주고 싶었다. 그러나 온갖 방법을 시도해 봐도 내 뜻대로 되지 않는 상황을 마주해야 했다. 나 자신이 부족한 엄마인 듯 느껴졌다. 털썩 주저앉아 눈물을 펑펑 쏟아냈다.

"엄마가 미안해. 엄마가 미안해."

말도 통하지 않는 아이를 끌어안고 미안하다는 말을 반복하며 내 마음을 표현할 뿐이었다.

엄마는 그런 존재인가 보다. 아이를 위해 한없이 노력해도 스스로가 부족해 보인다. 그래서 자꾸만 미안한 마음이 생겨난다. 그런데 이 미안함이 지나친 자책으로 이어지면 좋을 게 없다. 지나친 자책은 자격지심이 되고 자격지심이 깊어지면 죄책감이 생기는 것과 동시에 자존감도 떨어지기 때문이다.

죄책감이란 자신이 저지른 일에 책임을 느끼는 것이므로 아이를 향한 죄책감은 곧 '아이에 대한 책임감'이라고 말할 수 있다. 건강한 책임감은 엄마 스스로를 돌아보고 반성하게 한다. 그러나 이것이 지나치면 엄마는 죄책감에 끌려다닌다. 강한 책임과 의무를 부여잡고 엄마 역할에 짓눌려 힘들어지는 결과를 낳는다.

죄책감에 떠밀려 행동하는 것은 옳지 않다. 이것은 자연스러운 행동이 될 수도 없다. 엄마가 할 수 있는 만큼의 책임감을 자발적으로 발휘할 때, 엄마와 아이 모두에게 좋은 효과가 나타날 수 있다.

육아 감정에서 벗어나기 위한 솔루션

엄마의 감정을 알아야 아이의 감정에 공감한다

아이를 향한 감정이 매번 긍정적일 수만은 없다. 아이에게 아낌없는 사랑을 베푸는 엄마라고 해도 평범한 인간이기에 당연하고 자연스러운 모습이다. 하지만 엄마에게 요구되는 이 사회의 기대와 엄마 스스로가 만들어놓은 기대는 자신의 감정에 솔직할 수 없는 안타까운 현실을 낳았다. 이로 인해 엄마는 자신의 부정적인 감정 앞에서 떳떳하기가 쉽지는 않으며, 이것은 부정적인 감정을 억압하는 행동을 가져온다. 그러나 부정적인 감정을 해소할 틈 없이 억압하는 행동을 반복하다 보면 감정은 점점 쌓이고 엄마는 예민해질 수밖에 없다. 이는 엄마의 정신 건강을 해치는 길이며, 육아를 더욱 힘들게 만든다. 그러므로 엄마라는 이유만으로 아이를 향한 부정적인 감정을 억압할 필요는 없다. 모든 감정은 우리가 살아가는 데 꼭 필요한 도구이자 자신을 표현하는 메시지일 뿐이다. 부정적인 감정일지라도 그 자체가 나쁘지는 않다. 너무 지나치면 자신과 타인을 불편하게 만들 뿐이다. 따라서 우리는 자신의 감정을 억압하는 것이 아니라 건강하게 활용하면서 조절하는 연습을 해나갈 필요가 있다.

흔히들 참고 지나가는 것으로 감정이 조절되었다고 생각하기가 쉽다. 그러나 그것은 순간만 모면했을 뿐 감정을 억누르는 행위와도 같다. 이렇게 억눌러진 감정은 내면 어딘가에 쌓이게 된다. 꾸준히 쌓인 감정은 건강하지 않은 방법으로, 더 폭발적인 방법으로 표출되거나 신체 건강에 좋지 않은 영향을 미친다. 감정 조절이 필요한 쉬운 예를 들자면 화가 났던 상황을 생각해 볼 수가 있다. 이때 사람들은 화가 난 감정을 애써 무시하거나 참는 것으로 감정 조절을 잘했다고 생각하기 쉽다. 그러나 진짜 감정 조절은 화가 난 상태인 자신의 느낌을 인정하면서 그 상황에 휩쓸리지 않고 평정심을 유지하는 것을 말한다. 그렇다면 다시 평정심을 유지하기 위해서는 어떤 노력이 필요할까.

첫 번째, 무의식적으로 올라오는 감정을 의식적으로 관찰하는 연습을 해야 한다. 무의식은 그 안에 저장된 정보를 바탕으로 빠른 속도로 감정과 행동을 만들어낸다. 그러므로 처음에는 자신의 감정을 관찰하는 게 쉽지 않을 것이다. 노력해도 변화가 없어 보이는 자신의 모습에 좌절을 느낄 수도 있다. 그럼에도 불구하고 반복적인 연습은 감정을 관찰하고 알아차리는 것에 익숙하도록 만들어준다.

두 번째, 감정을 세분화하여 이해해야 한다. 사람들은 자신이 뭔가 불편하다는 것을 느끼지만 그 불편한 감정이 무엇인지 정확히 알지 못하는 경우가 많다. 그러나 감정을 조절하기 위해서는 자신의 감정을 잘 알아야 한다. 감정을 세분화하여 자세히 들여다볼 수 있어야 한다. 예를 들어 어떠한 상황으로 인해 '화'가 날 수 있지만 그 안을 들여다보면 '화', '짜증', '두려움' 등 다양한 감정이 공존할 수 있다. 따라서 감정을 세분화하여 명확하게 하면 그것을 보완하고 조율할 수 있는 대안도 찾기가 쉬워진다.

자신의 감정을 제대로 아는 것은 스스로의 감정 조절뿐 아니라 타인과의 소통에서도 중요한 작용을 한다. 우리의 뇌에는 거울 뉴런이라는 신경 세포가 있다. 거울 뉴런은 타인의 감정을 공감하는 데 핵심적인 역할을 하는 시스템이다. 그런데 스트레스가 많거나 감정적으로 평정심을 잃은 상태에서는 거울 뉴런이 제대로 작동하지 않아 공감 능력이 떨어진다. 따라서 자신의 감정을 제대로 인식하고 통제하는 능력을 기르는 것은 타인과의 교감 능력을 키우기 위해 선행되어야 할 과정이다.

엄마도 마찬가지다. 아이의 감정을 제대로 읽기 위해서는 먼저 엄마 자신의 감정을 살피는 연습이 필요하다. 이것은 엄마의 감정 조절 능력과 아이와의 교감 능력을 향상시키는 데 큰 도움이 되기 때문이다. 이를 위해서 '감정 일기'를 활용하면 큰 도움을 받을 수 있다. 감정 일기는 자신의 감정과 거리를 두고 관찰하는 연습을 도와주며, 감정을 세분화하여 이해하게 한다. 감정 일기가 꾸준히 쌓이면 자신의 반복되는 감정 패턴을 알 수 있는 유용한 자료가 된다.

EFT는 엄마의 부정적인 감정을 지워준다

"앗!"

아이를 어린이집 차에 태우려고 하는 순간, 견학 행사가 있는 날이라는 사실을 생각해 냈다. 보통 견학 날이면 간단한 간식과 음료, 물을 준비해 보내야 한다. 그러나 나는 아무런 준비 없이 평소처럼 아이를 챙기고 밖으로 나왔다. 아차 싶었다. 하지만 이미 상황은 돌이킬 수는 없었고, 아이를 그대로 차에 태워 등원시켜야만 했다. 차량 탑승 선생님께는 이 상황을 솔직히 말씀드렸다. 선생님은 아이를 잘 챙기겠다며 친절히 답해 주셨지만 나는 절대 안심이 되지 않았다.

찝찝한 마음으로 집으로 올라왔다. 이내 마음이 요동치기 시작했다. 무작정 EFT 타점을 톡톡 두드렸다. 그러자 조금은 안정이 되었다. 그래서 감정을 더 자세히 들여다보기 시작했다. 아이에 대한 죄책감,

같은 상황에서도 사람마다 느끼는 감정은 다를 수 있다. 그러므로 감정에 정답은 없으며, 어떠한 감정이 느껴져도 괜찮다. 중요한 것은 자신의 감정을 솔직하게 표현하고, 그 감정을 이해하는 시간을 가져보는 것이다.

① 불편한 감정을 느꼈던 사건을 적는다. (육하원칙에 의한 구체적인 상황)
   예 오늘 저녁에 아이를 목욕시키기 위해 여러 번 불렀지만 아이가 오지 않았다.

② 그 사건 속에서 느껴졌던 감정을 모두 적는다.
   예 화, 답답함, 짜증

③ 각 감정의 고통 지수를 0에서 10까지 측정한다. (0은 감정이 전혀 느껴지지 않는 상태이며, 10은 감정이 최고로 느껴지는 상태이다.) 이것은 주관적인 느낌이다. 따라서 나의 느낌 그대로 적으면 된다.
   예 화(7), 답답함(3), 짜증(5)

④ 각각의 감정이 느껴지는 이유를 적는다. 각 감정마다 이유가 다를 수도 있고, 같을 수도 있다.
   예 화(7)-아이가 내 말을 듣지 않아서, 답답함(3), 짜증(5)-빨리 목욕을 시키고 재운 뒤에 쉬고 싶었는데 생각대로 진행이 되지 않아서

불편한 기억만으로 감정 일기를 채울 필요는 없다. 자신이 느꼈던 긍정적인 감정도 정리해 본다면 과연 나는 어떠한 상황에서 좋은 감정을 많이 느끼는지, 왜 그런 것인지 스스로를 이해하는 데 도움이 될 수 있다.

아이가 얼마나 속상할까 걱정되는 마음, 실수를 한 나 자신에 대한 짜증과 화 등 여러 가지 감정이 뒤섞여 있었다. 그 감정들을 하나하나 살펴며 EFT 과정을 이어 나갔다. 점점 마음이 편안해지면서 이런 생각이 들었다.

'그래, 내가 실수를 한 건 사실이야. 그런데 아이는 이미 어린이집에 갔잖아. 선생님께서 도와주신다고 했으니 믿어보자. 엄마 말고 다른 사람의 도움을 받는 것도 아이에게는 좋은 경험이 될 거야. 간식이 없으면 다른 친구들의 간식을 나눠 먹기도 하겠지. 그런 경험도 긍정적으로 작용할 거야. 지금 내가 할 수 있는 건 마냥 걱정하는 게 아니야. 평소와 같이 내 생활을 이어가는 거야. 대신 아이가 오면 꼭 안아주면서 나의 실수를 사과하자.'

부정적인 감정이 해소되니 마음속에 긍정적인 감정과 생각들이 생겨났다. 덕분에 나는 다시 중심을 잡고 생활을 이어갈 수 있었다. 아이가 하원한 후에는 꼭 끌어안고 미안한 마음을 표현했다. 아이는 선생님이 준비해 주신 간식을 먹었고, 별다른 문제 없이 재미있게 견학을 다녀왔다고 했다. 만약 내가 불편한 감정들을 그대로 안고 있었다면 혼자서 온갖 부정적인 상상을 키우며 일상을 망치고 있었을 것이다. 아이가 잘 지냈다는 상황을 전해 주었더라도 나 자신에 대해 자책하는 마음으로 계속 불편해했을지도 모른다. 그러나 EFT는 나의 부정적인 감정을 바라보고, 그것을 해소하도록 도와주었다. 덕분에 감정과 생각의 긍정적인 전환을 만들 수 있었다.

EFT는 감정 자유 기법Emotional Freedom Techniques의 약자이며, 동양의 침술과 서양의 심리 치료 방법을 결합한 '경락 심리 치료법'이다. 어떠한 사건에 의해 우리 몸의 경락이 막히게 되면, 신체 에너지 체계에 혼란이 오면서 부정적인 감정이 생긴다는 것이 EFT의 전제이다. 따라서 정해진 경혈(침을 놓는 자리)을 자극하면 경락의 흐름이 좋아지면서 부정적인 감정이 사라진다. 이때 자신이 겪은 불편한 감정이나 느낌을 말로 표현하면서 해소하려는 목표에 초점을 맞춘다.

세계 여러 나라에서 EFT에 관한 연구와 임상이 활발하게 이루어지고 있다. 우리나라에서도 관심과 연구가 확대되고 있는 실정이며, 다양한 연구와 사례를 통해 스트레스, 화병, 우울증, 불안증, 강박증, 자존감 회복 등 심리적인 문제에 효과가 있음이 확인되었다. 나 또한 공황 장애와 강박증의 위기를 EFT로 극복할 수 있었다. 약물을 끊고 반복되는 불편한 감정과 마음의 상처를 치유하는 데 매우 유용했다.

최근 보건복지부는 EFT를 신의료 기술로 등재하였다. EFT가 기존의 치료와 차별화되면서도 안전하고 효과도 높다는 것을 인정한 것이다. 이 책에서는 엄마들의 육아 감정 해소를 위해 EFT의 활용에 관한 간략한 설명과 안내를 할 계획이다. EFT의 사용 방법을 익히고 활용한다면 일상생활의 불편한 감정을 관리하는 데 유용하게 쓰일 것으로 믿는다.

EFT로
육아 감정을 해소하자

EFT(감정 자유 기법)의 기본 과정은 간단하다. 그러나 기본 과정을 축소시킨 단축 과정을 사용한다면 더욱 간편하게 활용이 가능하다. 편의상 과정의 몇 부분을 생략해도 거의 같은 효과가 나타나기 때문에 실제로는 단축 과정을 사용하는 경우가 많다.

EFT의 단축 과정 1단계: 준비 작업

1. 불편한 감정 살피기

앞서 소개한 감정 일기를 바탕으로 자신의 불편한 감정을 체크하면 된다. 이해를 돕기 위해 다시 한번 그 내용을 간단히 살펴보겠다. 먼저 자신이 어떤 사건으로 인해 불편한 감정을 느끼는지를 생각한다. 그리고 불편한 감정이 무엇인지 이름을 붙여본다. 감정을 어떻게 표현해야 하는지 모르겠다면 아래의 몇 가지 감정 목록을 참고하자.

〈화, 분노, 증오, 짜증, 비난, 복수심, 걱정, 불안, 초조, 의심, 당황, 공포, 충격, 외로움, 무가치함, 수치심, 무력감, 슬픔, 서운함, 상실감, 우울감, 공허함, 죄책감, 실망, 절망감, 혼란, 질투 등.〉

다음엔 감정의 고통 지수를 측정한다. 고통 지수는 0부터 10까지로 표현하며, 10이 가장 큰 고통의 상태를 의미한다. 이것은 주관적으로 느끼는 고통 지수이기에 자신이 느끼는 그대로 측정하면 된다.

2. 수용 확언

수용 확언은 자신이 경험한 사건과 불편한 감정을 구체적으로 표현한 문장이다. 다음이 수용 확언의 기본적인 방법이다.

수용 확언 나는 비록 (사건, 이유)로 인해 (감정)이 느껴지지만, 나는 나 자신을 마음속 깊이 온전하게 받아들입니다.

처음에는 이 기본적인 방법을 연습해 보고, 익숙해진 후에는 다양하게 변형하여 활용하면 된다. 수용 확언의 다양한 예는 다음과 같다.

기본 방법을 토대로 자연스럽고 편안한 수용 확언을 만들어보자.

- 나는 비록 아이가 밥을 먹으면서 장난치는 것으로 인해 짜증이 느껴지지만 이런 나 자신을 마음속 깊이 온전하게 받아들입니다.
- 비록 아이가 밥을 먹으며 장난을 쳐서 짜증이 느껴지지만 이런 나를 온전히 이해하고 받아들입니다.
- 나는 아이가 밥을 먹으면서 장난을 치는 것 때문에 짜증이 나지만 이런 내 감정을 그대로 이해하고 받아들입니다.

그림의 파란색으로 표시된 부분을 '손날 타점'이라고 한다. 손날 타점을 두드리거나 주무르며 수용 확언을 3번 말한다.

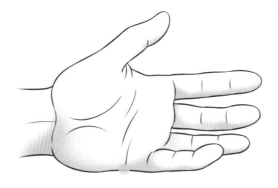

"나는 비록 아이가 밥을 먹으면서 장난치는 것으로 인해 짜증이 느껴지지만 이런 나 자신을 마음속 깊이 온전하게 받아들입니다."(×3회)

1. 두드리는 횟수나 방법에 너무 신경 쓰지 말자.

   앞에서 제시한 경혈점을 익히되, 편안하게 두드리거나 마사지하듯이 주무르며 자극하면 된다.

2. 수용 확언은 구체적이고 꼼꼼할수록 좋다.

3. 감정을 없애려고 의도하지 말자.

   자신의 감정을 바라봐주고 이해해 준다는 생각으로 과정을 진행하자.

4. 되도록 한 번에 한 가지 사건, 한 가지 감정에 집중하면서 진행하자.

   진행하던 감정이 모두 0이 된 후에 다른 감정으로 넘어갈 것을 권장한다. 하지만 반복하는데도 잘 안 된다면 다른 감정을 다루어보고 나서 안 내려가던 감정을 다시 다루어본다.

5. EFT를 처음 경험하는 사람들은 고통 지수가 4~5 정도인 감정으로 시작하면서 조금씩 방법을 익혀가고 연습을 확대해 가는 것이 좋다.

6. 소리 내어 말을 하면서 진행하면 감정에 집중하는 데 도움이 된다. 그러나 주위의 상황에 의해 소리 내는 게 어렵다면 마음속으로 되뇌어도 괜찮다. 중요한 것은 그 사건과 감정에 집중하는 것이다.

EFT의 단축 과정 `2단계: 연속 두드리기`

1. 연상 어구

자신의 불편함을 가장 잘 표현해 줄 만한 간단한 문구를 만든다. 이를 '연상 어구'라고 한다. 예를 들어 앞에서 만든 수용 확언은 "나는 비록 아이가 밥을 먹으면서 장난치는 것으로 인해 짜증이 느껴지지만 이런 나 자신을 마음속 깊이 온전하게 받아들입니다."이다. 이를 다시 '아이가 밥 먹다 장난쳐서 짜증 난다.'라는 간단한 문구로 만들 수 있다. 더 간단하게 '짜증 나'라고 느껴지는 감정만 표현해도 상관없다.

2. 연속 두드리기

연상 어구를 반복하여 말하면서 오른쪽 그림의 신체 경혈점을 두드리거나 마사지하듯 자극한다.

머리부터 차례로 경혈점마다 5~7회 정도 두드린다. EFT에서 자극하는 경혈점은 대칭이 되는 신체 양쪽 모두에 해당되지만 한쪽만 자극해도 효과는 동일하다(상황에 따라 양쪽 모두를 자극해도 되고 한쪽만 자극을 해도 상관없다). 연상 어구를 반복하여 말하면서 연속 두드리기를 2회전 한다.

"아이가 밥 먹다 장난쳐서 짜증 난다. 아이가 밥 먹다 장난쳐서 짜증 난다. 짜증 난다. 짜증 난다……." (연속 두드리기 2회전 하며 반복)

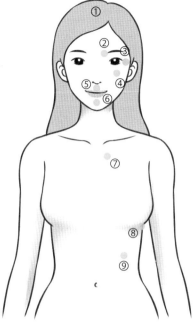

① 정수리
② 눈썹 안쪽
③ 눈 바깥쪽
④ 눈 밑
⑤ 인중
⑥ 입술 아래
⑦ 쇄골 밑
⑧ 겨드랑이 아래
⑨ 명치 옆

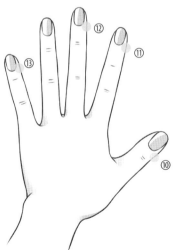

⑩ 엄지 손톱 바깥쪽 측면
⑪ 검지 손톱 엄지 쪽 측면
⑫ 중지 손톱 검지 쪽 측면
⑬ 소지 손톱 약지 쪽 측면

3회 정도 심호흡을 하자. 그리고 불편한 사건을 다시 떠올리면서 감정이 어떻게 변화되었는지 살펴보자. 같은 기억을 떠올려도 편안한 상태가 되었다면 감정이 해소된 것이다. 그러나 새로운 감정이 느껴지거나, 불편한 감정이 아직 남아 있거나, 불편한 감정이 더 커질 수도 있다. 여러 가지 가능성을 참고하여 변화된 감정을 느껴보자.

확인한 감정의 고통 지수가 0이 아니라면 다음과 같이 수용 확언을 다시 만든다. 다시 만든 수용 확언을 3회 말하며 손날 타점을 두드린다.

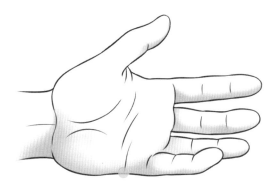

<u>수용 확언</u> 나는 비록 (사건, 이유)로 인해 여전히 (감정)이 남아 있지만 이런 나 자신을 마음속 깊이 온전하게 받아들입니다.

㉷ 나는 비록 아이가 밥을 먹으면서 장난치는 것으로 인해 여전히 짜증이 남아 있지만 이런 나 자신을 마음속 깊이 온전하게 받아들입니다.

다시 간단한 연상 어구와 함께 연속 두드리기 과정을 반복한다. 불편한 감정들이 0이 될 때까지 감정을 확인하고 두드리는 과정을 반복하면 된다.

넋두리 EFT: 머릿속이 복잡할 땐 무작정 두드리기

여러 가지 감정이 뒤죽박죽인 느낌일 때가 있다. 그럴 때는 수용 확언이든 고통 지수든 제대로 생각할 겨를조차 없다. 그런 경우엔 '넋두리 EFT'를 활용하면 유용하다. 넋두리 EFT는 자신이 느끼는 감정과 생각을 무작정 말하는 것이다.

㉷ 짜증 난다, 화난다, 미치겠다, 내 마음이 정리되지 않는다, 어떻게

해야 할지 모르겠다…….

특별한 방법은 필요 없다. 그냥 자신의 감정에 솔직하면 된다. 솔직한 감정과 생각들을 떠올리고 말하면서 EFT의 모든 경혈점을 차례로 두드려준다. 마음이 정리가 되고 차분해지는 효과를 느낄 수 있다.

아이와 함께하는 EFT: 스킨십과 소통 두 마리 토끼를 잡는다

"엄마가 마사지해 줄게."

아이들의 컨디션이 좋지 않아 보일 때면 이렇게 말하면서 함께 EFT 하는 시간을 가지곤 한다. 그래서 우리 집의 EFT 공식 명칭은 '마사지'가 되었다.

큰아이가 여섯 살이던 어느 날의 일이다. 그날은 아이가 먼저 나에게 마사지EFT를 해달라고 요청하였다. 동생과 사소한 일로 티격태격했고, 그로 인해 순서를 정하기 위해 가위바위보를 했는데 자신이 지자 마음이 속상했던 모양이다. 나는 아이의 요청대로 마사지EFT를 해주었다. EFT 타점을 두드려주며 자신의 감정을 표현하도록 도와주었다. 아이는 금세 기분이 좋아져 '씨~익' 웃음으로 답했다. 아이에게 이렇게 물었다.

"마사지 EFT가 좋아?"

"응."

"왜 좋은데?"

"마사지 하면 마음이 말랑말랑해져서."

아이와 함께 EFT를 하다 보면 감정에 대한 이야기를 나눌 수가 있다. 엄마와 아이가 소통하는 시간을 준다. 또한 신체를 두드리거나 자극하는 행위는 아이와의 스킨십을 돕는다. 이러한 과정을 통해 아이 안에 저장된 부정적인 감정이 해소되고, 몸과 마음이 이완된다. 신기하게도 아이들의 변화는 빠르다. 어른보다 부정적인 감정에 대한 경험이 적기 때문이다. 편안해진 아이를 보면 엄마의 마음도 말랑말랑해지고 기분이 좋아질 수밖에 없다.

 아이와 함께하는 EFT 팁

1. 아이의 눈높이에 맞는 언어로 대화를 한다. 예를 들어 화, 짜증 같은 구체적인 감정 언어들은 어려울 수 있다. 아이가 이해할 만한 언어를 사용하자.

   (참고로 색깔, 모양, 좋아하는 캐릭터 등의 이미지를 활용하여 마음속 느낌을 표현하게 하는 것도 좋다.)

2. 아이에게 다음과 같은 질문을 해보자.

"지금 너의 마음은 어떤 색깔이야? 그 색깔은 좋은 느낌이야, 안 좋은 느낌이야?"

"지금 너의 마음속에 어떤 친구가 있을까? 그 친구는 무엇을 하고 있을까?"

(아이와 함께 애니메이션 〈인사이드 아웃〉을 보면서 감정에 관한 이야기를 나누면 도움이 될 수 있다.)

3. 어른들이 하는 수용 확언의 기본은 다음과 같다. 아이에게는 이것을 쉽게 변형해서 사용해 보자. 기본적인 변형의 예를 활용하되 자신의 아이와 대화하며 자연스럽게 표현하면 된다.

➡ 기본 수용 확언: 나는 비록 <u>(사건, 이유)</u>로 인해 <u>(감정)</u>이 느껴지지만, 나는 나 자신을 마음속 깊이 온전하게 받아들입니다.

➡ 아이 눈높이에 맞춘 변형 수용 확언의 예: 나는 <u>(사건, 이유)</u> 때문에 <u>(마음의 느낌, 마음의 이미지)</u>가 있지만 그래도 내 마음을 보살펴줍니다.

"나는 엄마한테 혼나서 마음속에 까만 괴물이 살고 있지만 그래도 내 마음을 보살펴줍니다."

"나는 엄마한테 혼나서 내 마음속이 검은색으로 변했지만 그래도 나는 소중합니다."

4. 대화가 되지 않는 아이의 경우 경혈점을 그냥 두드리거나 쓰다듬어준다. 경혈점을 자극하는 것만으로도 몸과 마음의 이완을 도울 수 있다.

이와 함께 "엄마는 OO를 사랑해~, OO는 소중한 사람이야"라고 말해 주는 것도 좋다.

MEMO

CHAPTER 2

|

상처
숨길수록 괴롭고 꺼낼수록 자유롭다

담아놓는 데에는 한계가 있다. 숨기려고 악착같이 버텨도 상처는
다양한 모양새로 얼굴을 들이밀 수밖에 없다.

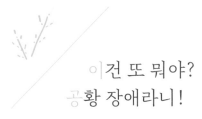

이건 또 뭐야?
공황 장애라니!

　　잘 맞춰놓은 퍼즐이 깨져버렸다. 꽤 많은 시간을 들여 완성한 퍼즐이 와장창 조각나버렸다. 내 가족이 그랬고, 내 마음이 그랬다. 부모님의 이혼은 나에게 커다란 아픔이었다. 부부가 이혼한다는 것은 서로의 아픔이 오랜 시간 곪아왔다는 것이며, 그 모습을 지켜봐온 자녀와도 좋지 않은 영향을 주고받았다는 것이다. 가족 구성원 서로의 불안정한 감정이 뒤섞여 모두가 고통스러운 상황에 놓인다는 것이다. 부모님의 이혼을 계기로 나의 자존감은 바닥으로 떨어져버렸다. 일상생활 곳곳에서 안정감을 느끼기가 어려웠다.

　　세상은 또 왜 이리 아프고 힘든 곳일까. 부모님 품 밖의 세상은 참으로 험난한 곳이었다. 술에 취해 나를 쫓아오던 이상한 아저씨, 지하철에서 자신의 은밀한 부위를 드러내던 노출증 아저씨, 내가 이해할 수 없었던 직장 속 인간관계와 구조들. 삶은 참 쉽지가 않았다. 한 고비를 넘어서면 또 다른 고비가 기다리고 있었다. 안정을 찾아가는 나를 시샘이라도 하듯 삶은 썩 너그럽지 않은 모습으로 다가왔다. 삶의 무게와 현실 앞에서 나의 존재는 한없이 작게만 느껴졌다. 이 무게에 짓눌려 결국은 이상 증상이 나타나고야 말았다.

"이게 뭐지? 나 이상해. 이유 없이 불안한데, 내가 통제가 안 돼."

"그게 무슨 말이야? 이유 없이 불안한 게 말이 돼?"

남편은 이해하지 못했다.

"그러니까 나도 모르겠어……."

심장은 쿵쾅쿵쾅 요동쳤다. 도저히 잠을 이룰 수도 없었다. 몸과 마음이 자기 마음대로 미친 것처럼 날뛰었다. 내 안에서 시작된 불안은 마치 나를 통째로 삼켜버릴 것만 같았다. 그러나 눈에 보이질 않으니 설명할 길도 납득시킬 방법도 없었다. 며칠을 혼자서 고민하다가 남편에게 말했다.

"나 우울증인가? 심리 상담 받으러 한번 가볼까?"

"아프면 병원엘 가야지."

"그래? 병원에 갈까?"

그렇게 찾아간 병원에서 나를 진단한 의사 선생님의 답변은 간단했다.

"전형적인 공황 장애 증상이에요."

"네? 공황 장애라고요?"

요즘은 많은 연예인이 공황 장애를 겪고 있음을 고백한다. 그래서 일반인에게도 익숙해진 질환이기도 하다. 하지만 당시만 해도 흔하게 들을 수 있는 질환은 아니었다. 그렇기에 더 당황스러울 수밖에 없었다.

"약 먹어야 해요."

선생님은 약물을 권하셨다.

"네? 약이오? 약 안 먹으면 안 돼요?"

"약을 꼭 먹어야 해요. 그래야 나아요."

낯선 공황 장애를 받아들이기도 버거운데 신경정신과 약까지 먹어야 한다니 단번에 상황을 인정하기가 어려웠다. 더구나 약물에 대한 두려움과 심리적 문턱은 꽤나 컸기에 이 생각 저 생각으로 방황을 했다. 혼자서 화를 내고 짜증을 내며 이 상황을 거부했다. 그런데 인정하기 싫어 발버둥 친다 해도 나에게 당면한 현실이었다. 결국은 두 손 두 발 다 들 수밖에 없었다. 내가 해야 할 일은 당면한 현실과 싸우는 것이 아니라 이 상황을 받아들이고 건강해지는 방법을 찾는 것이었다.

"아이~ 짜증 나."

며칠 동안 바쁘다는 핑계로 냉장고 정리를 미뤘더니 일이 터지고야 말았다. 한쪽에서 채소 썩은 물이 흐르는 것을 발견한 것이다. 사실 상한 채소가 들어 있다는 것을 알고는 있었지만 하기 싫은 마음, 귀찮다는 마음은 정리를 미루게 했다. 그러나 내가 회피하면 할수록 채소는 계속 상해 가고 다른 멀쩡한 채소들에도 영향을 미치는 상황까지

되어버렸다. '휴~ 일이 커졌다.' 어쩔 수 없이 정리해야 했지만 더 고되고 짜증이 났다. 내 마음도 이와 다를 바 없었다. 내가 돌아보지 않고 방치해 온 상처는 냉장고 속 썩어버린 채소처럼 계속 곪고 곪았다. 점점 내 안의 다른 부분에도 영향을 미쳤다. 여기에 새로 담은 상처까지 차곡차곡 쌓이며 '뻥!' 하고 터진 것이다. 담아놓는 것에는 한계가 있다. 인내도 적절했을 때 유용하다. 숨기려고 악착같이 버텨내도 상처는 다양한 모양새로 얼굴을 들이밀 수밖에 없다. 공황 장애라는 이름을 썼을 뿐, 그것은 더 이상 담을 공간이 없으니 비워달라는 목소리였다. 살고자 하는 내면의 목소리였다.

몸에 난 상처는 확인하기가 쉽다. 그러나 마음의 상처는 눈에 보이지 않아 간과하기 일쑤다. 남들이 볼 때에는 작디작은 문제일지라도 누군가에게는 커다란 아픔일 수 있다. '에이, 더 힘든 사람들도 있는데 이쯤은…….' '다 지난 일인데 뭘~.' 이런 생각들로 자신의 상처를 외면하지 말자. 마음의 상처에는 획일적인 정답도 기준도 없다. 중요한 것은 솔직함이다. 아무도 보지 못할지라도 자신만은 느낄 수 있다. 이제는 솔직해져도 괜찮다. 마음속 상처로 인해 많이 아팠음을, 많이 고통스러웠음을 적어도 자신에게만큼은 솔직하게 인정하는 과정이 필요하다. 그리고 그것을 토해 내보자.

마음의 상처는 해소되지 않은 감정과 욕구를 품은 채 내면에 쌓인다. 또 그것은 몸과 마음에 반복된 상처를 만들며 우리를 힘들게 한다. 그러나 그것을 밖으로 꺼내어 마주한다면 반복된 상처로 인한 스트레스를 줄여갈 수가 있다. 더불어 상처를 억압하는 데 사용했던 에너지를 더 효율적인 방향으로 사용할 수 있게 된다. 아픈 만큼 성숙해진다고 했던가. 상처를 꺼내고 마주하는 것이야말로 아픈 만큼 성숙해지는 경험의 시작이 될 수 있다.

육아 안에
또 다른 아이가 있다

아이가 아프다. 미열이 있지만 컨디션은 그리 나쁘지 않은 상태이며, 전염성이 없는 질환이기에 격리까지는 필요하지 않은 상황이다. 이런 경우라면 대개 나는 아이를 어린이집에 보내기로 결정한다. 물론 아이의 의견도 반영은 한다. 하지만 오늘은 여러 가지를 생각한 끝에 아이와 함께 시간을 보내기로 결정했다. 그러나 아이가 아픈 상황은 나를 더욱 꽁꽁 묶는 듯한 압박감을 주기도 한다.

'엄마가 집에 있는 게 이럴 때 좋은 거지~'라고 생각하면서 스스로 위안을 삼는다. 컨디션이 괜찮은 아이는 몸이 근질근질한가 보다. 이런 아이와 하루 종일 '집콕' 하기는 힘들다. 무얼 하며 보내야 할지 막막하다. 그래서 평소의 내 스케줄대로 운동을 다녀오기로 결심했다.

나는 매주 2회 운동을 다닌다. 그 시간은 나를 돌보는 시간이며 정신없는 일과 속에서 잠시 멈춰 가는 시간이 되어준다. 겨우 일주일에 두 번인 이 시간을 아이가 있다는 핑계로 놓칠 수는 없었다. 그래서 아이와 함께 집을 나섰다. 아이의 근질거림을 잠재우기 위해 색칠 공부 책도 챙겼다. 다른 분들께 아이를 인사시키고 한쪽에 앉힌다. 몇 번 따라다닌 경험이 있는 아이는 이제 익숙한 듯 알아서 자기만의 시간을 보낸다. 나는 운동에 집중한다. 아이는 한 번씩 고개를 돌려 나를 쳐다본다. 눈이 마주칠 때마다 함께 씽긋 웃는다. 그런데 갑자기 어린 시절의 내 모습이 오버랩 됐다.

나의 엄마는 활동적이고 사람 만나기를 좋아했다. 그런 만큼 취미도 다양했는데, 나는 엄마의 취미 생활 역사를 지켜보며 자랐다. 엄마의 취미가 바뀔 때마다 따라다니며 다양한 인간관계의 한 영역에서 함께할 수 있었다. 혼자 놀기를 즐기는 나조차도 육아 안에서 인간관계와 자유로움이 막히면 가슴이 답답해져 오는 게 한두 번이 아니다. 그런데 우리 엄마처럼 외향적인 사람은 오죽했을까. 이제나마 다양한 취미 생활과 인간관계로 풀어내려 했던 엄마의 마음을 헤아려본다.

그러고 보면 아이를 키운다는 것은 참 신기한 일이다. 아이는 어린 시절의 나를 다시 만나게 해주고, 엄마가 된 나의 경험은 내 엄마와 나를 연결시켜주니 말이다. 나는 아이와 함께 문득문득 떠오르는 어린 시절을 살아가고 있는 듯하다. 그리고 내 엄마의 역사를 내가 다시 살아가고 있는 듯하다.

우리 안에는 아이가 살고 있다. 그 아이를 '내면 아이'라고 말한다. 내면 아이는 기억, 감정, 본능을 품은 채 무의식에 자리한 내면의 일부분이다. 무의식에 조용히 숨어 있는 내면 아이는 우리를 자극하고 감정, 신념, 행동을 조종한다. 좋았던 기억과 감정을 품은 내면 아이는 생명력 있고 활기 넘치게 한다. 그러나 상처받았던 기억과 감정을 품은 내면 아이는 고통스럽게 하고 방황하게 한다. 내면 아이 치료 전문가 존 브래드쇼는 후자를 '상처받은 내면 아이'라고 표현한다. 어린 시절에 성장이 저지되거나 감정이 억제되면 상처받았을 때의 감정을 그대로 가진 채 성인이 되는데, 그 감정은 어른이 된 후에도 계속해서 내면에 자리 잡는다고 한다. 그렇게 자리 잡은 상처받은 내면 아이는 한 사람이 성인으로서 행동하는 데 많은 영향을 미친다. 누구에게나 상처받은 내면 아이가 존재한다. 문제는 육아 상황이 엄마의 상처받은 내면 아이를 자극하기 쉬운 환경이라는 것이다. 그 이유는 크게 두 가지로 생각해 볼 수 있다.

첫째, 아이의 경험은 엄마의 상처받은 내면 아이를 자극한다. 엄마와 아이는 떼려야 뗄 수 없는 가깝고도 특별한 관계다. 이러한 관계이기에 아이의 경험은 엄마에게 더욱 특별하다. 예를 들어 아이가 친구와의 관계에서 어려움을 겪는다면 엄마는 아이를 통해 자신이 상처받았던 비슷한 기억을 떠올리기가 쉽다. 그때 느꼈던 외로움, 불안, 두려움 등 불편했던 감정을 다시 느끼는 것이다.

둘째, 육아 스트레스가 엄마의 상처받은 내면 아이를 자극한다. 앞선 챕터에서 설명했듯이 육아는 엄마에게 많은 스트레스를 주고 감정적으로 취약한 상황을 만든다. 이런 불안정한 상황은 자존감을 떨어뜨리고 현재의 자신을 바라보는 시각에도 영향을 준다. 엄마가 느끼는 불편한 감정, 스트레스, 불안정한 상황은 자연스레 상처받은 내면 아이를 자극하게 된다.

상처받은 내면 아이는 엄마의 시각을 왜곡시킨다. 부정적인 감정과 사고를 품게 하고, 자신의 현실과 아이의 현실을 객관적으로 바라보지 못하게 한다. 희망적인 것은 육아가 엄마에게 치유의 기회도 되어준다는 사실이다. 육아 환경이 상처받은 내면 아이를 자극하는 조건이 되어주기에 엄마는 불편했던 과거 기억을 만나기 쉬워진다. 상처를 떠올린다는 것은 희망적인 일이다. 무의식에 조용히 자리한 채 자신을 조종하는 상처보다 의식의 기억으로 떠오른 상처는 인지하고 만나기 쉽다는 것만으로도 치유 가능성이 크다. 그럼에도 불구하고 상처받은 과거를 인정하고 다시 만나는 것은 두려운 일이다. 이로 인해 내면 아이의 메시지를 무시하고 후다닥 덮어버리기도 한다. 상처받은 내면 아이를 다시 묻어두는 것은 자신에게 또 다른 상처를 주는 것과 다름없다. 더 큰 문제는 엄마가 자신의 상처를 인정하지 않고 과거의 감정을 해결하지 않은 채로 살아가게 되면 육아 안에서 반복적으로 그 감정과 만날 수밖에 없다는 사실이다. 더구나 엄마 내면의 해결되지 않은 감정을 아이에게 쏟아내면서 똑같은 상처를 반복하게 된다. 이는 엄마가 받았던 상처를 다시 아이에게 대물림하는 것이나 다름없다. 엄마의 불편했던 과거가 불쑥불쑥 떠오르는 것은 내면이 불편하다는 신호이며, 상처받았던 마음을 돌봐달라는 신호이다. 일단 그 신호를 알아차리자. 용기를 내어 바라봐주자. 이 신호를 무시하지 않고 내면과의 대화를 이어갈 수 있다면 엄마는 치유의 길을 걸어갈 수 있다. 이는 엄마의 건강한 삶을 위해, 더불어 아이에게 긍정적인 정서를 물려주기 위해 꼭 필요한 과정이다.

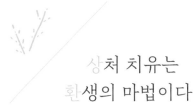

상처 치유는
환생의 마법이다

갑자기 그녀의 눈에서 눈물이 흘렀다. 나는 TV에서 눈을 뗄 수가 없었다. TV 채널을 돌리다가 우연히 tvN의 〈어쩌다 어른〉을 보게 되었다. 그 안에서 만난 성교육 강사 손경이의 강의가 나를 사로잡았다. 강의 초반에 그녀는 이러한 질문을 던졌다.

"예방 교육을 하잖아요? 그럼 가해자, 피해자 중에 누구를 먼저 예방해야 할까요?"

방청객은 하나같이 "가해자"라고 답했다.

그러자 그녀의 눈에서 흘러 나왔던 눈물이다. 눈물의 이유를 묻는 사회자의 질문에 그녀는 다음과 같이 답했다.

"강의를 다니다 보면 대부분 '피해자 예방', 아니면 '둘 다'를 외치는데 이렇게 동시에 가해자를 먼저 예방해야 한다는 답변은 처음 들어

봐요. 그게 너무 고마워서……."

　그 장면은 편집 없이 그대로 방송되었다. 그녀의 눈물은 우리에게 진심을 전해 주었다. 사실 그녀도 성폭력을 당한 경험을 갖고 있었다. 그 고통이 너무 큰 나머지 해리 현상으로 인해 기억을 잊고 살았다. 그러나 성교육 강의를 하던 중 피해자 아이를 통해 꽁꽁 숨겨놓았던 기억을 떠올렸다. 다시는 생각하기조차 싫을 정도로 너무나 고통스러웠기에 스스로 기억을 잠재우고 살았을 것이다. 그렇게 끔찍한 기억을 다시 마주했을 때 얼마나 고통스럽고 힘이 들었을까. 하지만 그녀는 용기를 냈다. 자신의 성폭력 경험을 다시 꺼내고 만나며 치유하는 과정을 거쳤다. 이제는 그 아픔을 세상에 당당히 드러낼 수도 있게 되었다. 성인이 된 아들과는 솔직하게 성(性)에 관한 대화를 나눈다. 상처를 치유하고 건강한 삶을 살아가는 그녀의 모습은 다른 성폭력 피해자들에게 희망이 되어줄 것이다. 자신의 아픈 경험까지 내어놓는 그녀의 강의는 수강자들의 마음속에 진정성 있게 전달될 것이다. 자신의 아픔을 기꺼이 만나며 대화하고 치유했기에 가능한 일이다. 그녀의 용기와 노력에 존경심이 절로 생긴다.

　누구나 마음속 상처를 가지고 살아간다. 과거로 돌아가 상황을 바꾸고 싶지만 과거는 절대 바꿀 수가 없는 삶의 일부가 되어버렸다. 영화 속 장면처럼 시공간을 초월해서 이동할 수 있는 것도 아니고, 과거는 이미 부정할 수 없는 현실이 된 것이다. 그럼에도 불구하고 우리가 할 수 있는 것은 분명히 있다. 내면에 차곡차곡 쌓여 있는 상처받은 마음을 만나고, 그 감정을 고스란히 느끼면서 대화하는 것이다. 이를 바탕으로 과거에 주지 못했던 위로와 지지를 스스로에게 전해 주며, 지금의 나를 위해 나은 방법을 찾아 행동으로 옮기는 것이다. 이러한 노력 끝에 우리는 비로소 상처로부터 자유로워질 수 있다. 더불어 건강한 사람으로 다시 태어나는 경험을 만들어갈 수 있다. 다시 말해 상처를 치유하고 다시 태어난다는 것은 나 자신을 진지하게 만나고 돌보는 여정이며, 자신에 대한 시각과 태도를 바꾸어가는 과정이다. 이를 통해 세상에 대한 시각과 태도 또한 바뀌어간다. 치유된 엄마의 새로운 시각은 자신이 낳은 아이를 바라보는 시각에도 변화를 가져다준다. 상처에서 자유로워질수록 아이를 바라보는 시각도 편안해질 수 있다.

나 또한 만나야 했다. 고통스러운 과정을 경험하고 다시 일어서야 했다. 용기 내어 만났던 치유의 시간은 나를 변화시켰다. 내 마음을 열리게 하고, 나의 주변과 세상을 다른 시각으로 바라보게 했다. 상처로 가득했던 마음에 여유 공간이 생기니 내 아이와 다른 이를 포용할 힘이 생겼다. 이러한 변화는 또 다른 관계를 맺고 다른 삶을 살아갈 수 있는 기회를 주었다. 이제는 믿는다. 나 자신의 힘을 믿는다. 이러한 나의 힘은 내 아이들이 어떠한 경험 속에서 휘청거릴 때 듬직하게 곁을 지켜주는 힘으로 더 크게 발휘할 수 있을 거라 생각한다.

과거의 상처 속에서 주저하는 엄마들에게 말하고 싶다. 물론 두려운 일이다. 그때의 기억을 만나는 과정 속에서 혼란의 시간을 겪게 될

지도 모른다. 그래서 괜찮은 척, 모른 척 살아가고 싶을지도 모른다. 그런데 이렇게 생각해 보자. 상처를 품고 살았던 나는 마냥 평화로웠나? 혼란이 없었을까? 아니다. 이 역시 반복되는 고통 속에서 허우적대며 혼란스러운 여정을 거쳤을 것이다. 더구나 아이를 키우며 불쑥불쑥 튀어나오는 기억은 여러 감정의 혼란과 함께 에너지 소모를 더욱 커지게 만들었다. 이러나저러나 힘든 건 마찬가지라면 차라리 자신을 치유하며 건강하게 성장하는 데 에너지를 쓰는 것이 낫지 않겠는가. 그러니 용기 내어보자. 자신의 상처를 돌보는 데 시간과 에너지를 들여보자. 자신의 상처를 바라볼 수 있는 엄마, 때로는 치유를 위해 도움까지도 요청할 수 있는 엄마는 자신의 삶을 책임지는 멋진 엄마라는 사실을 기억하자. 자신을 이해하는 가운데 상처받은 마음을 풀어가고 화해하는 경험을 만들어간다면 위기는 더 큰 기회를 가져다준다. 그것을 통해 엄마는 새로 태어나는 경험을 만들어갈 수 있다.

 활용 가능한 무료 상담 서비스

인터넷 검색만으로도 다양한 상담 센터와 병원을 쉽게 찾을 수 있다. 정말 많은 기관이 있기에 그중에서 자신에게 맞는 상담사를 찾는 것이 무엇보다 중요하다. 하지만 높은 비용이 부담되어 상담을 시도조차 하지 못한다면 치유를 가로막는 장애물이 된다. 이런 이들을 위해 무료 상담 서비스를 지원하는 기관을 소개한다.

- 건강가정지원센터(대표 전화: 1577-9337, 홈페이지: www.familynet.or.kr)

건강하고 행복한 가정생활을 위한 여러 가지 교육, 돌봄, 상담 서비스 등을 제공한다. 전화 상담, 사이버 상담, 개인 대면 상담, 집단 상담 등 다양한 상담 서비스를 받을 수 있다. 각 지역별로 운영되고 있으며, 거주 지역의 건강가정지원센터 홈페이지나 전화로 문의하면 예약 및 자세한 이용 방법을 확인할 수 있다.

- 정신건강복지센터

지역 주민들의 정신 건강 증진을 위해서 예방, 발견, 상담, 교육 등 여러 가지 서비스를 제공한다. 시·도 및 시·군·구별로 운영하며, 각 지역의 정신건강복지센터에 전화하거나 홈페이지를 통해 구체적인 안내를 확인할 수 있다.

- 여성긴급전화(대표 전화: 국번 없이 1366)

가정 폭력, 성폭력, 성매매 등 긴급한 구조와 보호를 필요로 하는 경우 24시간 내내 언제든지 이용 가능하다. 피해에 따라 긴급 보호, 상담, 의료 및 법률 지원 등의 서비스 자원을 연계하고 지원한다.

- 생명의 친구들 자살예방상담(홈페이지: www.counselling.or.kr)

자살 위험에 처해 있는 사람들을 위해 사이버 상담 서비스를 제공한다. 홈페이지에 접속하면 정신 건강에 대한 여러 가지 자가 진단 테스트도 진행해 볼 수 있다.

글쓰기는 내 마음을 털어놓기 가장 좋은 안전지대

아이들을 재운 뒤 다시 이불 밖으로 나왔다. 모두가 잠든 조용한 시간이다. 주변은 온통 깜깜하다. 나는 작은 스탠드 불빛 아래에 노트북을 펼쳤다. 스탠드 불빛은 나의 손과 노트북에 집중적으로 빛을 비춰준다. 다시 글을 쓰기 시작했다. 글을 쓰는 동안은 아이들과 티격태격했던 일상이 떠오르지 않는다. 여기저기에서 나를 부르는 집안일도 보이지 않는다. 글을 쓰는 나와 글 안의 나만 있을 뿐이다.

어릴 적에 학교 숙제로 일기를 썼던 기억이 난다. 어쩌면 내가 태어나 처음으로 접했던 글쓰기가 아니었을까 하는 생각이 든다. 나의 일기는 매일 부모님의 검열을 받고, 선생님의 검열을 받았다. 그 안에서도 가르침을 받고, 그 안에서도 잘못된 것을 지적받았다. 많은 가르침과 지적 속에서 나의 생각을 솔직하게 드러내기란 쉽지 않았을 것이다. 그러나 이제는 다르다. 성인이 된 이상 나만의 은밀한 글쓰기가 가능해졌다. 더 이상 누군가로부터 지적을 받거나 가르침을 받을 필요가 없다. 글쓰기는 나의 생각과 감정을 자유롭게 토해 내는 시간과 공간이 되어주고, 언제든 활용 가능한 일상의 신문고가 되어준다. 한편 나의 생각을 붙잡는 일이기도 하다. 여기저기 조각이 되어 떠다니는 생각을 한데 모아 마주하면서 정리하는 시간이 되기도 한다. 이처럼 글쓰기는 온전히 나를 드러낼 수 있는 가장 값싸고, 시간과 공간의 제약이 없는 편리한 수단이다.

글쓰기는 내면의 상처를 치유하는 데 매우 유용한 방법이기도 하다. 글을 통해 우리는 내면의 상처를 언어화하여 꺼낼 수 있다. 글이라는 형태로 밖으로 나온 내면의 상처는 과거의 기억과 느낌을 소환하고 이것은 우리에게 내면과 소통하며 성찰하는 시간을 부여한다. 하지만 상처가 너무 오래되고 깊은 나머지 스스로의 통제가 어려워진 상황이라면 전문 병원이나 심리 치료 전문가를 찾아가는 것이 우선이다. 내면의 상처를 치유하는 방법을 선택하는 것도 자신의 심리 상태를 제대로 파악하는 것에서 출발한다는 것을 기억하자.

내 마음을 털어놓고 상처를 치유하는 글쓰기는 어떻게 해야 할까? 치유에 필요한 글쓰기 방법을 알아보자.

자유롭게 쓰면서 솔직하게 털어놓자

가장 중요한 것은 자기 스스로에게 솔직해지는 것이다. 그러나 우리는 어른이 되어가며 남을 의식하고, 자신의 일부를 감추는 방법을 배워왔다. 이것은 책임과 의무를 다하고, 타인과 함께 도덕적이고 현실적인 삶을 살아가기 위해 필요한 방법이기도 하다. 그렇다고 해서 치유를 위한 글쓰기 앞에서조차 자신을 감출 필요는 없다.

치유를 위해서는 자신이 느끼는 감정, 생각들을 모두 적나라하게 드러낼 수 있어야 한다. 물론 처음부터 솔직하게 자신을 드러내는 게 쉬운 일은 아니다. 게다가 어렵게만 느껴지는 글쓰기가 결합되었으니 무슨 말을 써야 할지, 어디에서부터 시작해야 할지 난감할 수도 있다. 하지만 여기에서 말하는 글쓰기는 전문가의 글쓰기가 아니므로 글쓰기에 대한 부담은 내려놓아도 괜찮다. 누군가에게 확인을 받고, 시험에 통과하고자 하는 글쓰기가 아니다. 자신과 마주할 수 있는 솔직한 글이면 충분하다.

누구나 억압된 자아를 가지고 있다. 이것은 복잡하게 얽혀 있는 인간관계와 구조 속에서 자신을 숨기고 살아갈 수밖에 없는 우리의 현실이기도 하다. 그러나 인간은 다양성을 가진 존재다. 개인의 내면 깊숙한 곳에는 미처 드러내지 못한 다양한 모습이 내재되어 있는 것이다. 이 모든 것을 담아놓고 있기에는 한계가 있다. 그러므로 자신 안에 억압되고 뒤죽박죽 어디로 튈지 모르는 감정, 생각, 기억을 글 안에 자유롭게 풀어놓는 것이 중요하다.

이것을 분출하기 위해서는 논리와 일관성을 가질 필요도 없으며, 예의와 격식을 차릴 필요도 없다. 자신의 모든 것을 자연스럽게 글 안에 표현할 수 있다면 충분하다. 글 안에 표현한 내면의 생각과 감정은 글로 존재하는 가운데 자신과 마주하게 된다. 그렇게 분출된 내면의 목소리는 더 이상 우리를 장악하지 못하고 힘을 잃게 된다. 그러니 무엇이든 써보자. 무작정 쓰자. 아무런 검열을 하지 말고, 자기 안의 모든 것을 글 안에 토해 내보자. 글쓰기라는 안전지대에서 나의 깊은 상처에 접근할 수 있는 시작점이 되어줄 것이다.

1. 안전하고 편안한 환경을 만든다

자신에게 솔직하게 접근하기 위해서는 다른 사람을 의식하지 않을 수 있는 안전하고 편안한 공간이 필요하다. 안전하고 편안한 분위기 속에서 글을 써야 내면의 저항을 줄일 수 있고 자신을 솔직하게 드러낼 수 있기 때문이다. 그렇다면 어디에 글을 써야 하는 것일까. 종이에 글을 쓰는 효과를 강조하며 꼭 종이를 사용하기를 주장하는 전문가가 있는 반면, 종이든 컴퓨터든 편안한 도구를 활용하기를 권하는 전문가도 있다. 나의 경험에 따르면 종이에 쓰는 것은 글을 쓰는 손이 생각과 감정을 빠르게 쫓아가지 못한다는 생각이 들었다. 이것은 오히려 글쓰기와 치유를 방해하는 요인이 되었다. 결론적으로 글쓰기의 방법보다는 목적에 집중하는 것이 중요하다는 판단을 내렸다. 어디에 쓰든지 그것이 자기 자신과 대화하기 편안한 적절한 방법이면 된다. 스마트폰이든, 컴퓨터든, 일기장이든, 자신에게 맞는 편안한 방법을 찾아보길 바란다.

2. 형식 없이 써 내려간다

자유롭게 쓰는 글쓰기의 목적은 억압된 감정과 생각을 풀어주며, 솔직하게 자신을 꺼내어 놓는 것을 연습하는 것이다. 따라서 어떠한 규칙도 없다. 그저 자신에게 솔직해지면 된다.

우선 아무 글이나 5분간 써내려가보자. 두서가 없어도 내용이 연결 되지 않아도 좋다. 전문가에 따라 더 많은 시간을 요구하는 견해도 있다. 그러나 익숙하지 않은 사람에게는 5분의 시간조차도 힘겹게 느껴질 것이다. 쉬지 않고 쓴다는 것은 생각하고 판단할 시간을 주지 않는다는 것이다. 글 안에 몰입한 채 표현하는 것이다. 스톱워치를 이용해 끝나는 시간을 설정해 놓자. 5분 동안은 자신의 글을 편집하지 않는다. 글에 대해 계획하지 않는다. 문법, 표기법을 고려하지 않는다. 단어, 문장 그 어떤 것도 괜찮다. 자신의 감정, 생각, 모습 등 솔직히 자기를 표현하는 글이라면 그 어떤 것도 괜찮다.

3. 자신이 쓴 글을 보며 성찰한다

5분간의 글쓰기가 끝난 뒤에는 깊은 호흡을 한다. 일어나서 신체를 전반적으로 흔들어 탈탈 털어준다. 가벼운 스트레칭을 통해 풀어주는 것도 좋다. 이것은 내면의 감정에 빠져 있는 상태를 다시 전환하기 위한 과정이다. 그런 다음 다시 자신이 쓴 글로 돌아간다.

글을 쓴 뒤에는 반드시 성찰의 과정이 필요한데 생각과 감정을 풀어주는 것을 넘어서 자신을 이성적으로 분석하고 통찰하는 기능을 가진다. 성찰의 과정을 통해서 우리는 성장의 길로 들어설 수 있다. 다음의 질문에 대한 답을 써보자.

+ 이번 글쓰기에서 좋았던 점은 무엇인가?
+ 이번 글쓰기에서 힘들었던 점은 무엇인가?
+ 이번 글쓰기에서 자신의 어떤 점을 발견할 수 있었는가?

글과 함께 내면의 유대감을 형성하자

상처받은 내면 아이를 만나보자. 여기서 제시하는 방법은 자신의 불편한 반응을 통해 상처받은 내면 아이를 찾아가는 방법이다. 우리의 내면에는 상처받은 수많은 부분이 존재한다. 그렇다고 해서 그 많은 정보를 한꺼번에 꺼내 무리한 대화를 진행할 필요는 없다. 현실적으로도 불가능한 일이다. 모든 치유는 지금의 나를 위한 과정일 뿐이다. 따라서 조급함을 버리고, 바로 오늘의 상처받은 내면 아이를 먼저 만나는 것부터 차근차근 시작하자.

1. 안전하고 편안한 환경 속에서 내면 아이를 만난다

먼저 안전하고 편안한 환경을 만들어주는 것이 필요하다. 종교를 가진 사람은 자신의 종교를 상징하는 물건을 놓고 진행하면 안정적인 환경 조성에 도움이 된다. 앞서 설명한 자유로운 글쓰기를 통해 글쓰기에 대한 거부감을 줄이고, 자신의 내면에 가까이 다가가는 연습이 선행되면 더욱 좋다. 안정된 공간과 함께 내면과 대화할 수 있는 마음이 준비가 되었다면 눈을 감고 느껴보자. 오늘 나를 힘들게 했던 불편한 경험은 무엇이었나 생각해 보자. 내면에 집중하면서 불편했던 느낌을 느껴보자. 자신이 느끼는 느낌과 흡사한 상처받은 내면 아이를 떠올린다. 만약 그 어떤 것도 느껴지지 않는다면, 그 어떤 것도 떠오르지 않는다면 강요하지는 말자. 조급한 마음이 오히려 대화를 방해한다. 그러니 기다려주자. 이렇게 말하면서 스스로를 안심시키자.

"괜찮아, 그럴 수 있어. 익숙하지 않은 거잖아. 하지만 이제는 내 마음의 이야기를 들으려고 해. 대신 천천히 가보자."

2. 상처받은 내면 아이와 대화하며 위로하고 지지한다

모습을 드러낸 상처받은 내면 아이를 바라본다. 내면 아이의 모습이 과거의 나의 모습일 수 있다. 특정 사물의 이미지로 떠오를 수도 있다. 무엇이든 괜찮다. 모두 상처받았던 내면의 일부를 상징하는 것이다. 다음과 같은 질문을 바탕으로 내면 아이를 관찰한 뒤 느낀 점을 적어본다.

+ 그 아이는 어떤 장소에 있는가?
+ 무엇을 하고 있는가?
+ 어떤 표정을 하고 있는가?
+ 내면 아이를 뭐라고 부를까?(별명, 이름 등을 정한다.)
+ 그 아이를 바라본 나의 감정은 어떠한가?

내면 아이에게 말을 걸어보자. 이때에는 너그럽고 수용적인 마음이 요구된다. 절대 그 아이를 비난하거나 비판적인 시각으로 바라보지는 말자. 내면 아이가 하는 이야기에 관심을 가지고 들어주는 것이면 충분하다. 과거에 충족하지 못했던 내면 아이의 결핍을 내가 엄마가 되어 다시 양육한다는 느낌으로 다가가보자. 내면 아이와 대화하며, 충분한 수용과 사랑을 전해 주자.

내면 아이와 주고받은 대화를 그대로 글로 옮겨 담는다. 참고할 것은 처음부터 아름다운 화해가 이루어지지 않을 수도 있으며, 화해하는 과정을 이루기 위해서는 오랜 시간이 필요할 수도 있다. 그럴 때에는 내면 아이를 다시 찾아 대화할 것을 약속하고, 그 약속을 지키면서 반복적인 신뢰를 보여주는 것이 중요하다. 만약 대화가 잘되고 기분 좋게 화해를 했다면 내면 아이를 꼭 끌어안아주자. 엄마가 사랑하는 마음을 가득 담아 아이를 끌어안듯이 자신 안에 자리한 내면 아이를 끌어안아주자.

3. 내면 아이와의 대화를 다시 보며 성찰한다

깊은 호흡을 한다. 일어나서 신체를 전반적으로 탈탈 털어준다. 가벼운 스트레칭을 통해 몸을 풀어주는 것도 좋다. 내면에 빠져 있는 감정 상태를 전환하는 과정이다. 그런 다음 다시 내면 아이와 나눈 대화의 글로 돌아간다. 다음의 질문에 답을 적어보자.

+ 내면 아이가 원하는 것은 무엇인가?
+ 내면 아이와의 대화에서 좋았던 점은 무엇인가?
+ 내면 아이와의 대화에서 힘들었던 점은 무엇인가?
+ 내면 아이와의 대화에서 무엇을 발견할 수 있었는가
+ 내면 아이를 위해 지금의 나는 무엇을 해줄 수 있을까?

1. 사진을 활용하면 과거의 기억과 감정을 떠올리는 데 도움이 된다.

2. 인형을 활용하는 것도 좋다. 인형이 나의 내면 아이인 것처럼 여기며 인형과 대화를 하는 것이다.

3. 내면 아이의 이미지가 떠오르지 않을 수도 있다. 그럴 때는 자신의 내면에 조용히 집중하자. 이미지 대신 소리나 다른 느낌들이 다가올 수 있다. 소리와 느낌과 대화를 하자. 대화에 익숙해지면 내면 아이는 서서히 이미지를 보여주며 자신을 드러낼 것이다.

4. 내면 아이와 대화하며 과거의 감정을 재경험하면서 감정이 격해질 수가 있다. 그럴 때에는 대화를 멈추고 글쓰기를 멈춘다. 깊은 호흡을 한다. 자리를 박차고 일어나 전환을 시키며 감정에서 빠져나오는 것이 중요하다.

앞선 챕터에서 설명한 EFT 타점을 톡톡 두드리며 감정을 안정시킨다. 지금이 몇 시인지, 여기가 어디인지 확인하며 현실 감각을 살린다. 다시 한번 강조하지만 치유는 지금의 나를 위한 과정이다. 감정을 재경험하는 것은 치유에 꼭 필요한 과정이지만 지금의 내가 통제하기 어려울 정도로 힘든 과정이라면 그 과정을 멈춘다. 그리고 더 안전하게 보완할 수 있는 방법을 찾아야 한다. 전문가의 도움이 필요할 수도 있다. 상처를 만나는 과정을 감당할 수 있을 때까지 에너지를 키우며 기다리는 시간도 필요하다.

MEMO

CHAPTER 3

|

사랑

엄마를 먼저 채워야 사랑이 흘러 나간다

자기 안의 사랑을 느껴본 사람만이 진정한 사랑을
표현하고 나눌 수가 있다. 그러므로 엄마는 자신을 사랑하는 연습을 통해
스스로를 채워가려고 노력해야 한다.

아이보다 더 가까운 존재가 있다

갑자기 파마를 하고 싶어졌다. 헤어스타일을 바꾸고 어딘가로 외출할 목적도 아니었고, 누군가에게 잘 보일 목적도 아니었다. 아이의 잠투정과 싸우며 집 안에만 있었더니 무언가 변화가 필요했다. 그렇다고 해서 언제 터질지 모르는 시한폭탄 같은 아이를 데리고 멀리 외출할 용기까지는 나지 않았다. 그래서 동네 미용실에서 파마를 하며 기분 전환을 하기로 결심했다. 어떤 모양새가 되어도 상관없었다. 그저 기분 전환이 필요했기에 가장 저렴한 동네 미용실 파마로도 충분했다. 유모차를 밀고 미용실 앞을 기웃거려본다. 그리고 조심스럽게 들어가 질문했다.

"혹시 아이를 안고도 파마 할 수 있나요?"

"네~ 괜찮아요. 아이가 자면 유모차에 내려놓으면 되고, 아니면 안고 해도 돼요."

내 사정을 이해해 주시는 원장님은 그 자체로 천사였다. 그래서 한 치의 망설임 없이 안으로 들어갔다. 마침 아이가 유모차에서 잠이 들어 있었다. 나는 기쁜 마음으로 의자에 앉아 파마를 시작했다. 그러나 곧이어 들리는 울음소리. 처음에는 조용히 시작한다 싶더니 이내 울음소리는 커졌다. 진땀이 났다. 원장님은 '우르르 까꿍~' 소리로 아이를 달래셨다. 이 녀석에게 그게 통할 리 없다. 울음소리는 더욱 커졌다. '나를 당장 안아!'라고 호령하듯 쩌렁쩌렁한 목소리로 울어댔다. 원장님은 아이의 울음에 조급한지 손이 더욱 빨라졌다. 결국 아이는 내 품으로 와서 한참을 울고 난 뒤에 울음을 멈추었다. 오랜만에 기분 전환 좀 하려고 큰 용기를 내었건만 미안함과 씁쓸함이 가슴을 휘저었다.

육아는 매 순간 나의 발목을 잡는 듯했다. 아이의 잠투정은 나의 외출을 붙잡았다. 모유 수유는 매운 음식을 좋아하는 입맛을 붙잡았다. 아직 많은 돌봄이 필요했던 아이는 다시 사회로 나가 일하고 싶은 마음을 붙잡았다. 육아는 끊임없이 나 자신을 놓게 만들었다. 아이를 앞에 두고 나에게 닥친 새로운 역할들은 내 삶 전체를 통째로 흔들어놓았고, 나의 존재감마저도 희미하게 만들어버렸다. 그러나 그 모든 것을 아이 탓만 할 수는 없는 노릇이었다. 나 스스로가 아이를 위한다는 생각으로 내 욕구는 무시당해도 되는 하찮은 것쯤으로 여겼으니 말이다.

한 워크숍에 참여했던 날, 사회자 선생님과 개인적인 이야기를 나누었다.

"지난주에는 남편이 출장을 다녀왔어요. 그래서 혼자 아이들을 정말 열심히 돌봤어요. 솔직히 주말에 아이들을 놓고 외출하는 게 미안했는데 그동안 최선을 다해서 생활했기 때문에 죄책감을 내려놓고 워크숍에 나오기로 결정했어요."

선생님은 이렇게 말씀하셨다.

"그런 조건을 달지 않아도 돼요. 자신을 더 존중해도 됩니다. 존재만으로도 충분히 가치 있는 분이에요."

한 대 맞은 기분이었다. 생각해 보니 아이를 낳고 난 후 모든 것의 기준은 아이가 되어 있었다. 아이는 약 30년 동안 사용해 온 내 이름마저도 바꿔놓았다. '○○ 엄마'. 아이의 이름이 제일 앞에 붙은 이 호칭은 이제 나의 공식적인 이름이 된 지 오래다. 처음엔 낯설었던 이 이름은 어느새 나에게 딱 맞는 맞춤옷처럼 익숙해져 버렸다. 내 휴대폰 카메라는 대부분 아이들의 일상에 향해져 있다. 어느덧 나의 삶 곳곳에는 아이들의 흔적이 가득하다. 문득문득 나 자신이 없어지고 나의 흔적이 지워져가는 것처럼 느껴졌다.

그녀도 그랬을까. 그녀의 프로필 사진이 바뀌었다. 결혼 전 젊고 상큼 발랄하던 시절의 모습이다. '펑퍼짐한 옷차림으로 놀이터를 돌던 그 엄마 맞아? 아고~ 예뻐라~.' 동네에서 만나던 평범한 아이 엄마의 모습과 사진 속 모습이 대비되며 놀라움을 금치 못한다. 한편으로는 나의 궁금증을 자아낸다. '이 엄마도 나처럼 한 번씩 젊은 시절의 모습이 그리운 걸까? 이 엄마가 찾고 싶은 건 뭘까? 단순한 젊음? 그때의 자유로움? 아이 엄마가 아닌 그냥 나 자신의 모습?'

예전의 내 모습을 잠시 찾아본다. 나도 참 예뻤다. 지금의 뱃살은 없었고, 허리는 잘록했다. 당시의 유행에 따라 잔뜩 멋을 부린 모습이 살짝 촌스럽긴 해도 나름 귀엽다. 그리고 지금의 나를 돌아본다. 이제 나에게는 든든한 똥배, 불룩 튀어나온 옆구리 살이 함께한다. 폭신폭신 스펀지 같은 똥배는 세상의 모든 지방과 음식물을 더 많이 흡수할 수 있을 듯하다. 언제 이렇게 팔자 주름이 깊어졌을까? 이 주름은 나의 나이와 세월을 말해 주는 것 같다. 유행? 멋의 기준은 어느새 기본 기능과 편안함이 되어버렸다.

참 많이도 변했다. 세월의 흐름에 따라, 환경에 따라 모양새가 변하는 것은 당연하다. 그러나 그 와중에도 변하지 않은 단 한 가지가 있었다. 내 삶의 어떠한 상황에서도 나와 늘 함께한 존재가 있었으니, 그것은 오직 '나 자신'이었다. 따지고 보면 나와 가장 가까운 존재는 아이도 남편도 부모님도 아닌 나 자신인 것이다. 그런 나 자신을 엄마가 되었다는 이유로 가장 나중으로 미룬 채 지내왔으니 상실감과 결핍감은 더욱 커질 수밖에 없지 아니한가. 그러므로 나를 돌보고 채우는 것 또한 나 스스로가 해야 하는 일이었다.

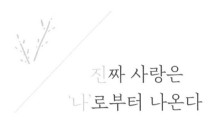

진짜 사랑은
'나'로부터 나온다

    오로지 나 자신만을 위한, 나만의 첫 외출을 감행했다. 첫째 아이는 네 살, 둘째 아이는 16개월이었다. 둘째의 모유 수유가 끝나면 꼭 참석하고자 벼르던 EFT 워크숍이 있었다. 그것이 당시 내가 선택한 일탈이자 첫 탈출구였다. 그리고 엄마가 된 이후에 처음으로 갖게 된 혼자만의 자유로운 시간이었다.

    물론 첫 외출이 쉽지는 않았다. 남편의 반응은 떨떠름했다. 어린 두 아이를 혼자서 돌봐야 하는 상황이 난감했으리라. 외출을 실행에 옮기긴 했지만 아이들과 남편에게 미안한 마음이 들었고 엄마로서 책임을 다하지 못한 것 같은 생각에 원망과 후회가 뒤섞여 내 마음 또한 편치 않았다.

    "저는 아이 둘을 가진 엄마이고요. 아이를 낳고 혼자서 자유롭게 외출하는 게 오늘이 처음입니다."

자기소개를 하는데 왜 그리 눈물이 났을까. 눈물을 흘리며 말하는 나에게 선생님은 말씀하셨다.

"자신을 사랑하려는 노력을 많이 하셨으면 좋겠네요."

사랑, 참 어려운 말이다. 자고로 믿음, 소망, 사랑 중에서도 '사랑'이 제일이라고 했다. 나 자신을 희생하면서 타인에게 베푸는 것만이 고귀한 사랑이라고 생각하고 있었다. 이런 나에게 자기 자신을 사랑하라는 메시지는 참으로 어려운 과제와 같았다. 더구나 엄마가 된 이상 나 자신을 사랑하는 일은 멀고 먼 다른 세계의 이야기처럼 느껴졌다. 나는 여전히 아이들을 향한 사랑에만 초점을 맞추기에도 바빴기 때문이다. 그렇다면 아이들을 향한 사랑의 마음은 마구마구 샘솟았을까? 그것은 결코 아니었다. 사랑이라는 껍데기를 뒤집어쓴 채 역할과 의무감으로 살아가고 있을 뿐이었다.

대부분의 엄마는 아이들을 위해 에너지의 대부분을 쏟아붓는다. 그러다 보니 엄마 자신에게 할애할 에너지도, 관심을 가질 여유도 없다. 또한 사랑을 주는 것만이 엄마의 자연스럽고 당연한 역할이라는 이상적인 가치는 스스로의 자아를 외면하게 만든다. 겉으로는 희생과 사랑으로 포장하면서 엄마 역할을 해나가겠지만 결국은 피해 의식이 쌓여 점점 더 자기중심적인 사고에 매몰될 수밖에 없다.

스스로에게 물어보자. 자신을 사랑하지 않는 사람이 과연 행복할 수 있을까? 다른 이에게 행복을 줄 수는 있을까?

심리 치료 전문가 롤프 메르클레는 저서 〈나는 왜 나를 사랑하지 못할까〉에서 "스스로를 좋아하지 못하고 마음이 허한 상태에서는 자기중심적이 되고 이기적인 사람이 된다. 계속하여 자신이 '어떻게 보일까'에만 신경을 쓰고 인정과 호평을 따라다니다가 일생을 다 보낸다."라고 말했다.

이것은 엄마가 되었다고 해서 비껴 갈 수 있는 문제는 아니다. 아이를 향한 사랑 또한 엄마 자신을 진심으로 사랑할 수 있을 때 전해질 수가 있다. 돌이켜 보면 내가 나를 사랑하지 못했던 시간이 늘어갈수록 끊임없는 결핍으로 이어졌다. 나 스스로를 채우지 못했던 결핍을 아이를 통해 채우면서 대리 만족하려는 나를 발견했다. 그것은 내가 만들어놓은 사랑의 부채를 아이에게 갚으라고 요구하는 꼴이나 마찬가지였다. 나의 욕구를 감추고 엄마 역할에 묶어둘수록 사랑의 부채는 점점 불어나 빈털터리로 아이들을 대할 수밖에 없었다. 이것은 결코 건강한 사랑이 아니라는 것을 깨달아갔다.

자신을 사랑하는 방법을 알지 못하면 자녀에게 그 방법과 느낌을 전해줄 수 없다. 음식을 먹어본 사람만이 그 음식의 맛을 표현할 줄 아는 것처럼, 진정한 사랑도 자기 안의 사랑을 맛본 사람만이 그것을 표현하고 나눌 수가 있다. 그러므로 엄마에게는 자신을 사랑하는 연습을 통해 스스로를 채워가는 노력이 필요하다.

가장 먼저 필요한 것은 아이에게만 향해 있는 관심을 엄마 자신에게로 돌리며 스스로를 존중해 가는 것이다. 자신을 존중하는 가운데 원하는 것들을 찾아 보완해 주면 엄마 안의 결핍은 채워져 간다. 이로 인해 아이를 원망할 일도, 아이를 통해 채워갈 일도 줄어든다. 엄마가 스스로를 사랑하게 되면 자신의 삶을 책임 있게 살아갈 힘도 생긴다. 그 삶 안에서 함께하는 많은 이들 또한 마음으로 품을 수 있는 여유가 생긴다. 사랑하는 자신에게서 태어난 아이의 존재는 얼마나 사랑스럽겠는가. 이것은 머리로 전하는 사랑이 아닌, 가슴으로 느껴지는 따뜻한 사랑을 아이에게 전해 줄 수 있는 강한 힘이 되어준다.

엄마 자신을 사랑하고 싶다면 이것부터 시도하자

1. 비교와 비난을 멈춘다

다른 육아 맘의 블로그를 기웃기웃해 봤다. 엄마표 공부, 엄마표 밥상, 엄마표 놀이 등이 가득하다. 다들 어쩌면 이리도 부지런한지. 완벽한 엄마의 표본이라도 보는 듯 놀라운 마음이 들었다. 이내 화살은 나에게로 돌아왔다.

'나는 왜 저렇게 여러 가지 간식을 만들지 못하지?'

'나는 왜 저렇게 재미있게 놀아주질 못하지?'

'나는 왜 제대로 하는 것 없이 바쁘기만 한 느낌이지?'

나 스스로를 한없이 부족한 엄마로 만들어버렸다. 남들과 비교하고 비난했던 태도는 곧 나 자신을 받아들이지 못하게 만들었다. 내가 받아들이지 못하는 나의 모습은 육아 과정에서도 존재감이 미비할 수밖에 없었다. 더 좋은 엄마가 되고 싶고, 아이들에게 좋은 것을 주고 싶었던 그때의 마음을 이해한다. 하지만 다른 이와 비교하고 자신을 아무리 비난한들 내가 그들처럼 될 수 있는 것은 절대 아니었다.

비교의 늪은 끝이 없었고, 비교를 반복할수록 나는 부족한 사람으로 결론이 났다. 이처럼 엄마 자신을 반복적으로 비난하거나 성취를 깎아 내리는 마음 습관은 엄마의 자존감을 떨어지게 만든다. 이로 인해 엄마는 스스로에 대한 확신을 갖지 못하는 상태가 되면서 여러 가지 상황에 휩쓸리기가 쉽다. 이것은 엄마 자신을 위해서도, 아이들을 위해서도 결코 진정한 사랑의 길은 아니다.

진정한 사랑은 부족한 모습이 보일지라도 그대로 바라봐주는 시각이다. 어떠한 조건이 필요 없는 존재 자체에 대한 인정이다. 스스로의 존재를 그대로 인정하지 못하고 조건을 다는 엄마는 자신에게서 태어난 아이의 존재조차 그대로 인정하기가 어렵다. 따라서 우선멈춤이 필요하다. 엄마 자신을 힘들게 하고, 아이를 힘들게 하는 비난의 시각을 멈춰야 한다. 누구든 부족함이 있기 마련이다. 부족함이 보일 때 그마저도 바라보면서 더 나은 방향으로 나아가도록 설계할 수 있다면 그것으로 충분하다.

자신을 향한 비난을 멈출 수 있을 때 비로소 그 에너지를 더 나은 방향으로 사용할 수가 있다.

2. 몸의 메시지를 알아차리며 적극적으로 돌본다

가슴에 오돌토돌 두드러기가 났다. 너무 가려워서 긁으니 상처가 났고, 그냥 참으려니 잠을 이루지 못할 지경이었다. 모유 수유 중이던 나는 '약이나 먹을 수 있겠어?'라고 생각했지만 혹시나 하는 마음으로 병원을 방문했다. 병원에서는 먹는 약 대신 작은 연고를 처방해 주었다. 모유 수유를 하는 내 상황을 고려한 처방이었다. 하지만 그것마저도 두려웠다. 이 연고가 가슴에 스며들어 아이에게 좋지 않은 영향을 미치면 어쩌나 하는 걱정이 앞서 연고 바르기는 최후의 보류로 남겨 두었다. 아이의 안전과 건강 앞에선 내 몸을 보살필 용기조차 내지 못했다. 내 몸이 자기를 보살펴 달라는 메시지를 보내고 있음에도 불구하고 나는 그 목소리를 무시해 버린 셈이다.

'나 너무 힘들어. 조금 쉬고 싶어.'

어깨가 말했다. 몸은 지쳐 있었다. 어깨는 나의 힘듦을 통증으로 호소하고 있었다. 어깨의 이야기를 듣자마자 눈물이 쏟아졌다. 혼자서 조용히 힘듦을 감당하고 있었다는 사실에 슬픔이 밀려왔다. 나는 어깨를 토닥이며 이렇게 사과의 말을 건넸다.

"미안해. 많이 힘들었구나. 내가 그동안 아이들을 키우느라 너를 보살피지 못했어. 그런데 이제는 너를 보살펴줄게. 조금씩 쉬어 가도록 노력할게."

그동안 돌보지 못했던 내 몸과의 화해가 시작되었다. 아이를 낳고 처음으로 내 몸의 소중함을 느끼게 된 순간이었다.

어깨가 무슨 말을 하느냐고? 물론 우리의 신체에서 말을 할 수 있는 부위는 '입'뿐이다. 그러나 신체의 각 부위에 집중을 하고 마음의 눈으로 바라보게 되면 그들의 이야기를 들으며 대화를 나눌 수가 있다. 이것은 곧 내면과의 대화이며 몸과 마음을 함께 돌보는 방법이기도 하다.

우리의 몸은 거대하고 정교한 시스템이다. 이 시스템의 균형이 깨지면 여기저기 문제가 발생한다. 한편 몸은 마음을 담고 있는 그릇이기도 하다. 따라서 마음의 균형을 잃었을 때 몸은 통증과 질환으로 신호를 보낸다. 몸의 균형을 잃었을 때에도 마음 또한 불편함을 느끼면서 상호 작용을 한다. 이렇게 몸과 마음은 서로 긴밀하게 연결되어 있다. 그러므로 자신의 몸과 대화를 하며 돌보려는 시도는 마음을 돌보는 것과도 연관이 되는 중요한 부분이다. 물론 육아하는 엄마들이 자신의 몸에 관심을 가지면서 대화에 응하는 게 그리 쉬운 일은 아니다. 그렇다고 해서 관심을 기울이려는 노력조차 하지 않는다면 엄마의 몸은 한꺼번에 더 많은 돌봄을 요구할지도 모른다.

몸과의 대화를 어렵고 복잡하게 생각할 필요는 없다. 평소에 자신의 몸을 살피려는 작은 습관부터 시작하자. 필요한 운동이 있다면 집에서라도 꾸준히 하는 것이 좋다. 아픈 부위가 있으면 전문의를 찾아가는 등 적극적인 도움을 받으려는 시도도 해야 한다. 틈틈이 몸을 쓰다듬으면서 사랑한다는 말도 전해 주자. 이러한 노력이야말로 자신의 몸과 마음의 이야기를 들으며 존중하고 사랑하는 자세이다.

3. 한계를 인정하고 육아 부담을 나눈다

자비에 돌란 감독의 영화 〈마미〉의 주인공에게는 감당하기 버거운 아들이 있다. ADHD(주의력 결핍 과다 행동 장애) 판정을 받았으며, 애착 장애 증상을 보이는 아들은 감정을 조절하지 못해 사고를 치고 다니는 것이 일상이다. 홀로 생계를 책임지는 엄마에게 아들은 사랑스러운 존재이자 기본 생계마저도 위협하는 골칫덩어리이다. 팍팍한 삶속에서 그녀가 꿈꾸는 희망은 잠시나마 만나는 상상 속에서만 가능할 뿐이다. 삶의 무게에 짓눌리고, 아들의 잦은 사건 사고가 버거운 나머지 그녀는 아들을 병원에 입원시키기로 결심한다. 그러나 입원하지 않으려 발버둥 치는 아들을 보면서 끝까지 울부짖는다. 그녀의 울음에 나 또한 함께 울었다. 한편으로는 그녀의 결정을 마음으로 응원하였다. 그녀는 최선을 다했다. 아들을 입원시키기로 한 결정 역시 자신과 아들에 대한 또 다른 모습의 책임감이었다. 자신에게 닥친 삶의 과업을 존중하며 아이와 자신을 위해 최선의 선택을 했을 뿐이었다.

그녀의 거친 삶에 비할 수는 없겠지만 잠시 첫째 아이를 처음으로 어린이집에 보내던 그때가 생각났다. 당시 남편은 다른 지역으로 파견 근무를 나간 상황이었다. 나는 세 돌배기 첫째와 갓 태어난 둘째를 데리고 온종일 출구 없는 육아를 하고 있었다. 주변에 가족, 친지, 지인, 어느 누구도 없는 상황이었다. 매일의 일상이 힘겨워 눈물로 버티던 나는 결국 첫째를 어린이집에 보내기로 결심하면서 다른 이의 도움을 받기로 결정했다. 적어도 5세까지는 오롯이 내가 키우고 싶다는 마음을 무너뜨려야 했기에 결코 쉽지 않은 결정이었다. 아침마다 울면서 헤어지는 아이의 모습에 몇 번을 후회하였고, 울상을 하고 있는 사진 속 아이의 모습에 가슴이 아려왔다. 그래도 나는 한 명의 인간으로서 한계가 있는 존재임이 분명했다. 엄마라는 이유로 나 자신의 한계를 넘어서는 상황까지 포용하려 한다면 오히려 무책임한 결과로 이어질 것이 분명했다. 아이를 책임지되 나 자신을 짓누르고 힘겹게 만드는 부담감은 덜어내는 것이 현명한 책임감의 태도가 아닐까 하는 생각이 들었다. 그리고 그것은 나 자신의 한계를 인정하고 부담을 나눌 수 있을 때 가능한 것이었다. 우리 모두는 한계를 가진 존재다. 이것은 어쩌면 서로의 부족함을 채우면서 살아가라는 깊은 하늘의 뜻이 있는 건 아닐까.

　어떠한 형태든 중요치 않다. 남편, 양가 부모님, 돌봄 기관, 이웃집 엄마, 금전적인 지불을 통한 지원 등 각자의 상황에 따라 대상은 다를 것이다. 어쨌든 엄마가 육아 안에서 자신의 한계를 인정하는 것은 더 이상 스스로를 혹사시키지 않을 이유가 된다. 자신의 부담을 기꺼이 나누는 것은 스스로를 사랑하는 행동이 된다. 그것은 자신의 사랑 안에서, 때로는 타인의 사랑 안에서 육아를 하는 융통성 있는 방법이 된다. 그리고 자신이 받은 도움을 기꺼이 베풀게 되면 함께 만들어가는 육아의 시작이 된다. 아무쪼록 이 나라의 엄마들을 위해 신뢰할 만한 육아 지원 서비스가 더 많이 생겨나기를 바라는 마음이다.

 엄마의 육아 부담을 나눌 수 있는 정부 지원 서비스

- 아이 돌봄 사업

대상: 맞벌이 가정, 다자녀 가정, 취업 한부모 가정, 기타 양육 부담이 있는 가정 등 양육 공백이 발생하는 가정(양육 공백이 발생하지 않더라도 본인 부담으로 이용 가능)

지원 내용: 아이 돌보미가 만 3개월 이상~만 12세 이하의 아동을 안전하게 돌봐주는 돌봄 서비스를 제공한다. 소득에 따라 지원 범위가 달라진다.

아이 돌봄 홈페이지(www.idolbom.go.kr)에서 자세한 내용을 확인할 수 있다.

- 보육료 지원 사업

대상: 어린이집과 유치원을 이용하는 만 0세에서 만 5세까지의 아동.

지원 내용: 아동의 보육료를 지원한다. 보육 서비스에 따라(종일반, 맞춤반), 연령에 따라 차등 지원하고 있다. 등록지 주민센터나 복지로 온라인(online. bokjiro.go.kr)으로 신청 가능하다.

- 시간제 보육 사업

대상: 양육 수당 수급자 중 가정 양육 가구(6개월에서 36개월 미만의 영아)

지원 내용: 가정 양육 시 지정된 기관을 통해 필요한 만큼의 보육 서비스를 이용 가능하다. '임신육아종합포털 아이사랑'을 통해 등록하고 예약한다. 자세한 문의는 1661-9361로 전화하면 된다.

- 돌봄 공동체 지원 사업

대상: 만 0세~만 12세 이하 돌봄이 필요한 아동

지원 내용: 지역 사회가 틈새 돌봄을 책임지는 공동체성 회복을 통해 아동
이 안전하고 부모가 안전할 수 있는 돌봄 생태계 구축을 추구한다. 품앗이
형, 마을공동체형, 주민경제조직형의 세 가지 형태로 이루어진다.
건강가정지원센터 홈페이지(www.familynet.or.kr)를 통해 자세한 안내를 확
인할 수 있다.

4. 적극적으로 시간을 사수한다

저녁 약속이 생겼다. 아이들을 돌봐줄 사람이 필요해 남편에게 일
찍 퇴근해 달라고 요청했다. 유독 피곤한 한 주를 보냈다. 아픈 둘째
와 함께 집콕을 했었기에 한 주의 끝이 더욱 고단하고 답답해져 왔다.
남편에게 아이들을 맡기고 집을 나서는데 둘째 아이가 따라간다며 나
를 붙잡았다.

"우리 며칠간 같이 지냈지? 엄마도 나가서 친구 만나는 시간이 필요
해. 이제부터는 아빠가 보살펴줄 테니까 집에서 쉬고 있어. 그럼 엄마
가 다시 와서 꼭 안아줄게."

나의 설명에도 아이는 눈물을 글썽거리며 엄마와 함께하고픈 마음
을 놓지 못했다.

"엄마! 다시 와서 나 꼭 안아줘야 돼~. 꼭 내 옆에서 자야 돼."

아이는 여러 번 확인을 한 뒤 어쩔 수 없다는 듯 나를 놓아주었다.

일부러 약속 시간보다 일찍 나왔다. 그러나 나를 붙잡던 아이의 모습이 아른거려 잠시 가슴이 미어졌다. 이내 우리 동네 뒷산으로 발길을 옮겼다. 인적이 드문 어딘가에 나 스스로를 격리시키고 싶었다. 홀로 벤치에 앉았다. 한여름의 뒷산은 모기의 먹이가 되기 딱 좋은 조건이었다. 그래도 마음은 한결 나아졌다. 석양이 보였다.

'이곳의 뷰가 이렇게 좋았나?'

아이들을 데리고 왔을 때에는 미처 발견하지 못했다. 잠시일 뿐이지만 혼자만의 시간 속에서 발견한 석양은 내 마음을 차분하게 가라앉혀 주었다. 하루를 정리하는 석양처럼 내 마음도 조금씩 정리가 되는 듯했다.

아이를 키우면서 가장 필요했던 것은 나를 위한 시간이었다. 야근을 반복하던 육아의 시간들을 돌이켜보면, 당시엔 나만의 시간을 갖는 것이 꿈같은 일이었다. 어느 날 문득 이런 생각이 들었다.

'언제까지 불평, 불만만 하고 있을 거야? 분명히 내 시간은 있을 거야. 안 되면 만들어봐!'

생각해 보니 내 시간은 있었다. 비록 아이와 함께 있을지라도 적어도 잠들어 있는 순간만큼은 나를 위한 시간으로 만들 수 있었다. 그래서 아이가 낮잠 자는 시간을 활용해 보기로 했다. 그 시간에는 집안일도 멈췄다. 오로지 내가 하고 싶은 것들을 하면서 보내야겠다고 결심했다. 그래서 읽고 싶은 책을 읽기 시작했다. 긍정적인 에너지를 불어넣어줄 자기 계발서와 내가 좋아하는 심리학과 치유에 관한 도서를 읽어가며 공부했다.

물론 마냥 순탄하지는 않았다. 아이를 재우기 위해 방 안을 어둡게 해놓았기 때문에 휴대폰의 손전등 기능에 의지한 채 책을 읽었다. 아이가 뒤척이면 손목이 아프도록 토닥토닥하면서 책에 집중해야 했다. 아이가 낮잠에서 빨리 깨는 날이면 책 읽는 시간은 그대로 없어져버렸다. 그러나 그 시간을 통해서 '나'라는 사람은 생동감 있게 움직이는 듯했다. 그 생동감은 육아에도 활기를 주었다.

시작은 아주 짧은 시간이었다. 그러나 그것은 암흑 속의 한줄기 빛이었으며, 무수한 가시덤불 속을 빠져나갈 작은 샛길과도 같았다. 이 가시덤불을 헤치고 샛길을 찾아가다 보면 언젠간 더 큰 길이 나올 거라는 희망이 되기도 했다. 결국 이렇게 맛본 행복의 시간은 다른 시간을 찾기 위한 열정으로 이어졌다. 평소보다 일찍 일어나 새벽 시간을 활용하기도 했고, 밤 시간을 활용하기도 했다. 이 시간 속에서 나를 찾고 싶은 욕구, 공부를 계속하고 싶은 욕구가 충족되었다. 한 달에 두 권의 책을 읽는 것을 목표로 시작했는데 일 년 동안 27권을 읽어 목표치를 훌쩍 넘겼고 이를 통해 큰 성취감을 느꼈다. 나에게는 독서가 육아로부터 숨통을 틔우는 일이었으나 누군가에게는 다른 무엇이 될 수도 있다. 무엇이든 괜찮다. 숨통이 트일 수 있는 자신만의 시간을 갖는 것은 중요하다. 그것은 엄마 자신을 사랑하는 방법이자 에너지를 보충할 수 있는 시간이 되어준다.

엄마의 시간을 확보하는 꿀팁

1. 생활 속에서 구멍을 발견하자.

    자신의 생활을 가만히 돌아보길 바란다. 분명히 내가 생활하는 시간의 구멍이 보일 것이다. 예를 들어 아침 시간 아이가 일어나기 전, 아이의 낮잠 시간, 아이가 잠든 후, 아이가 다른 것에 집중하는 시간 등이 있다.

2. 지금의 생활 안에서 줄일 수 있는 것들을 찾자.

    우리에게는 하루 24시간이라는 똑같은 시간이 부여되었다. 이 시간을 더 늘릴 수는 없는 노릇이다. 따라서 바쁜 엄마들이 자신의 시간을 만들기 위해서는 줄일 수 있는 무언가를 찾는 것이 필요하다. 집안일, TV, 스마트폰 같은 것들이 있다. 이 중 자신을 가장 힘들게 하거나 너무 많은 시간을 할애하는 것을 찾아 줄여보자.

3. 조금씩이라도 꾸준히 쌓아가는 것이 중요하다.

    생각보다 짧게 지나갈 수도 있다. 그러나 하루에 단 10분의 시간일지라도 일주일이면 70분이 된다. 일 년이면 대략 3,650분이 되는데, 시간으로 환산하면 60시간이 넘는다. 그런데 아이가 낮잠을 길게 자거나 운 좋게 여유 시간이 길어지면 더 많은 시간을 확보할 수가 있다.

    여기에 아이가 자라남에 따라 보육 시설의 도움을 받게 되면 엄마의 시간은 더욱 늘어난다. 단번에 무언가를 이루려는 욕심을 내려놓기를 바란다. 그리고 변화무쌍한 육아 안에서 엄마의 시간 또한 변화될 수 있음을 기억하자. 그러므로 융통성을 발휘하면서 꾸준하게 활용하려는 태도가 필요하다.

마음침법은
사랑의 마음을 리부팅한다

　　무슨 마법을 부렸나? 갑자기 청소가 즐거워졌다. 사실 처음부터 썩 즐거웠던 것은 아니다. 금세 집안을 초토화시키는 아이들 때문에 청소가 유독 지겹고 팍팍하게 느껴지던 날이었다. 그런데 청소를 하다가 문득 떠올랐다.

　　"나뿐 아니라 다른 사람들과 사물들까지도 축복해 보세요. 내가 축복을 하게 되면 축복받을 만한 기회가 더 많이 필터링 해서 보여요. 축복받을 만한 생각과 기억과 예측들을 찾아내게 되죠."

　　마음침법 강의 시간에 들었던 선생님의 말씀이 머리를 스쳤다. 그래서 바로 청소는 스톱! 마음침법을 연습했다. 우선 나를 향한 사랑의 명상을 했다. 그리고 나를 축복해 주었다. 내가 살고 있는 집에도 축복의 메시지를 전해 주었다. 그랬더니 신기하게도 금세 내 마음이 변했다. 일단 내가 나에게 사랑의 메시지를 주니 마음이 편안해졌다. 나의 집에 축복을 해주니 내가 살고 있는 집의 존재가 감사했다. 이내 힘이 생기고, 청소가 즐겁게 느껴졌다. 나의 상황은 변한 게 없었다. 그러나 마음이 변화하면서 태도와 행동이 변하게 되는 신기한 경험이었다. '이렇게 간헐적인 체험만으로도 변화를 느낄 수 있는데 꾸준히 연습해 나가면 과연 어떠한 변화들이 일어날까?' 마음침법의 경험들은 나에게 새로운 호기심을 주었다. 덕분에 앞으로의 모습을 기대하면서 꾸준히 마음침법을 공부하고 연습할 수 있었다.

마음침법은 앞서 소개한 EFT와 같이 경혈을 자극하여 마음을 돌보는 경락 심리 치료의 일종이다. 이론적 기반으로는 율곡 이이의 심성론을 바탕으로 하고 있으며, 치료 방법으로는 사암침법이라는 침술을 이용한다. 동양 사상과 한의학의 결합으로 만들어진 동양적인 심리 치료 방법이라고 볼 수 있다. 특히 주목할 것은 마음침법에서는 인간을 긍정적인 시각으로 바라본다는 점이다. 이러한 시각을 바탕으로 선한 본성을 탐색하고 회복하는 것이 치료의 목표다. 또한 인간은 스스로의 사랑을 가지고 태어난 존재이기 때문에 각자가 타고난 사랑을 회복하는 것이 건강한 삶을 사는 것이라는 전제를 가지고 있다.

최근의 연구 결과를 살펴보면, 마음침법의 치료 방법을 활용한 환자들에게 다양한 변화가 나타난 것을 확인할 수 있다. 환자들의 신체 감각에 변화가 생겼으며, 감정과 생각에도 변화가 일어났다. 불편한 증상을 만들어내는 원인에 반응하는 것이 줄어들었으며, 스스로를 조절하는 힘이 커지는 결과를 가져왔다. 환자들마다 가지고 있는 증상과 변화의 정도는 다르지만 결론적으로 모두 긍정적인 변화를 보였다. 마음침법은 전문 지식을 갖춘 한의사들에 의해 임상 현장에서 사용되고 있다. 그러나 우리의 일상에서도 자가 치료 방법으로 사용 가능한 유용한 기법들이 있다. 부정적인 에너지를 없애는 방법, 긍정적인 에너지를 강화하는 방법, 자신에 대해 이해하고 통찰하는 방법 등 다양한 방법이 있지만 여기에서는 육아하는 엄마들의 마음에 사랑을 일깨울 수 있는 실천 방법을 소개하고자 한다.

사랑의 마음을 일깨우는 사랑 명상

순수한 사랑은 어떠한 기대 없이 베풀 수 있는 힘이다. 이것은 자기 자신을 꾸준히 채워갈 수 있을 때 생겨날 수 있다. 자신 안에 있는 사랑을 발견하고 사랑 에너지를 채우면서 내면이 풍족해지면 자연스럽게 흘러 나가는 사랑을 경험하는 것이다. 그러나 이러한 사랑의 마음을 지속하기 위해서는 꾸준한 연습이 필요하다. 음식을 섭취하여 에너지를 보충하듯, 사랑 명상으로 사랑을 섭취하고 마음의 에너지를 보충해주면 순수한 사랑의 마음이 채워지면서 점점 충만해지고 확대가 된다. 이것은 자연스럽게 아이와 주변 사람들에게 흘러갈 수밖에 없다.

1. 경혈점과 함께할 때 더욱 좋은 사랑 명상법

■ 1단계: 기운 순환 호흡

기운 순환 호흡은 몸과 마음의 기운을 순환시키며, 막힌 기운을 소통시켜준다. 이는 몸과 마음의 변화를 위해서 환경을 만들어주고 준비시키는 것이다. 전체적인 방법은 숨을 코로 들이마시고 입으로 내쉬는 방법이다.

① 구부정하지 않은 편안한 자세를 취한다. (호흡을 방해하지 않는 자세면 된다.)

② 코로 천천히 숨을 깊이 들이마신다.

③ 입을 '하' 벌리고 마음속으로 3~5까지 세면서 천천히 길게 내쉰다. 이때 내쉬는 숨 속에 마음의 부정적인 찌꺼기가 내보내진다고 생각하면 좋다.

④ 가슴과 배를 모두 이용하여 호흡한다. 숨이 가슴과 명치를 통과해 아랫배까지 내려갔다가 올라오는 것을 느껴보자.

- 어렵다면 가슴에 코가 있다고 상상해 보자. 내 몸을 풍선이라 상상하면서 가슴의 코를 통해 숨이 들어와 부풀어 오른다고 생각해 보자.
- 깊은 호흡은 한 번에 3~5회 정도면 적당하다. 무리해서 호흡하지 않도록 한다.

■ 2단계: 여섯 장기 기운 열기

스트레스를 받으면 가장 먼저 여섯 장기의 기운이 불안정해지고 막히게 된다. 이에 해당하는 여섯 장기는 폐장, 신장, 심포(정신적 심장), 심장, 간장, 비장이다. 그러므로 해당 혈자리를 자극하고 기운을 풀어주면 스트레스가 진행되는 것을 막을 수 있다.

그림을 참고해 각각의 혈자리를 몇 개의 손가락으로 주무르듯 자극해 주자. ①부터 ⑥까지 차례로 자극을 한 뒤 반대쪽 혈자리도 자극해준다. 반대쪽 혈자리는 가슴 가운데를 중심으로 대칭되는 위치에 똑같이 존재한다. 명확한 위치를 찾는 것에 주력하는 것보다 대략적인 위치를 기억하고 적절한 자극과 함께 마음의 변화를 만들어가는 것이 중요하다는 사실을 기억하자.

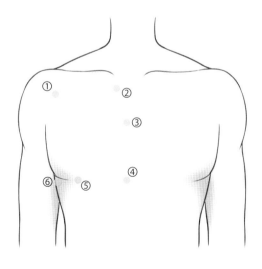

① 쇄골 바깥 방향 아래
② 쇄골 안쪽 방향 아래
③ 양쪽 유두 사이 중앙
④ 명치 아래
⑤ 명치 옆 갈비뼈 사이
⑥ 겨드랑이 아래 몸통 측면
　(⑤번과 비슷한 높이)

참고로 한글 자음 '디귿(ㄷ)'의 모양을 기억한다면 혈자리를 기억하는 데 도움이 된다.

■ 3단계: 손날과 엄지 지압하기

손날의 지압할 위치는 다음과 같다. 이곳의 명칭은 후계혈이다. 앞서 소개한 EFT의 수용 확언 손날 타점과 동일하다. 후계혈은 마음의 어혈, 즉 부정적인 감정을 풀어주는 데 효과가 있다. 그러므로 후계혈을 주무르거나 두드리면서 불편한 감정(상황)을 먼저 말해 주고, 전환시켜준다.

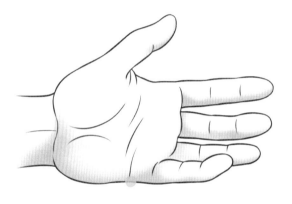

나는 비록 _____로 인해 불편한 마음이 느껴지지만

그럼에도 불구하고 나는 나 자신을 진심으로 이해하고 사랑합니다.

엄지의 지압점은 그림을 참고한다. 이곳의 명칭은 소상혈이다. 소상혈은 자신감을 살려주고 기분을 돋우며 긍정적인 마음의 에너지를 확장시키는 작용을 한다. 그러므로 소상혈을 누르거나 두드리면서 자신이 원하는 긍정적인 방향을 설정해 준다. 소상혈과 함께 다음에 소개하는 사랑 명상의 문구를 말해 보자.

나는 나 자신을 진심으로 이해하고 사랑합니다.

나는 나 자신을 진심으로 이해하고 사랑하는 삶을 살아갑니다.

나의 삶에서 나의 사랑이 그대로 이루어집니다.

조금 모자라게 느껴져도 조금 넘치게 느껴져도

내가 사랑으로 나의 길을 가고 있습니다.

그것으로 모두 괜찮습니다.

나는 정말 잘하고 있습니다.

또는 사랑 명상 문구 대신 다음과 같이 자신이 원하는 상태를 말해도 된다.

나는 점점 더 _____해집니다.

예 나는 점점 더 편안해집니다.

나는 점점 더 건강해집니다.

나는 점점 더 행복해집니다.

나는 점점 더 홀가분해집니다.

2. 더욱 간편하게 활용하는 사랑 명상법

앞의 3단계 절차를 모두 활용하면 좋은 효과를 얻을 수 있지만 복잡하게 느껴진다면 더 간편하게 사용하는 방법도 있다. 다른 절차를 제외하고 3단계의 손날(후계혈)과 엄지(소상혈)만 사용하는 것인데, 사람이 많은 곳에서 조용히 사랑 명상을 하고 싶을 때나 불편한 생각과 감정을 빠르게 긍정적인 방향으로 전환하고 싶을 때 사용하면 좋다. 더 간단하게는 긍정적인 에너지를 확장시켜주는 엄지(소상혈)만 자극하면서 습관적으로 사랑 명상을 되뇌는 것도 좋다.

사랑 명상을 쉽게 활용하는 팁

1. 사랑 명상 문구를 외운다. 그렇다고 해서 외우는 것에 스트레스를 받지는 말자. 반복적으로 연습하다 보면 자연스레 외워진다. 집 안의 눈에 띄는 곳에 붙여놓고 습관적으로 읽는 것도 연습에 도움이 된다.

2. 경혈점을 자극할 상황이 되지 않는다면 마음에 사랑 명상 문구를 반복적으로 새기는 것만으로도 도움이 된다.

3. 상상을 활용하면 더욱 도움이 된다. 눈을 감아보자. 내 앞에 또 다른 나 자신이 있다고 상상해 보자. 나에게 사랑의 메시지를 전해 준다는 느낌으로 사랑 명상을 진행해 보자.

4. 아침저녁으로 연습하면 더욱 좋다. 사랑 명상으로 하루의 시작을 열고, 사랑 명상으로 하루를 마무리하면 더욱 건강하고 긍정적인 삶을 살아가는 데 도움이 된다.

나와 주변을 더욱 긍정적으로 바라보는 축복 명상

아이의 손을 잡고 축복 명상을 해보았다. 아이는 이렇게 말했다.

"엄마, 나 눈물 나왔어."

"그래~ 그 눈물은 어떤 눈물이야? 슬픈 걸까, 기분 좋은 걸까?"

나의 질문에 아이는 답했다.

"기분 좋은 눈물이야. 마음이 따뜻해졌어. 마음에 천사가 있는 것 같아."

감수성이 풍부한 딸아이는 엄마가 건네준 축복의 메시지를 받으면서 금세 마음이 따뜻해졌나 보다. 아이에게 축복 명상을 하는 것은 나 또한 기분이 좋아지는 일이다. 내 안에 사랑의 에너지를 채우는 방법이며, 아이에게는 나의 사랑을 전해 주며 소통하게 도와주기 때문이다.

사랑 명상과 축복 명상은 이런 차이가 있다. 사랑 명상이 자기 자신에게 집중되어 있다면, 축복 명상은 자기 자신에게서 타인에게까지 방향이 확대가 된다. 방법적인 면에서 차이는 있지만 두 가지 모두 자기 안에 사랑의 에너지를 키워주는 유용한 방법이다. 이것은 삶을 더욱 만족스럽게 만들어준다. 이렇게 변화된 마음은 주변 사람들에게 좋은 에너지와 행동으로 전달이 된다. 구체적인 축복 명상의 방법은 다음과 같다. 긍정적인 에너지를 확장시켜주는 엄지의 혈자리인 소상혈을 지압하면서 자신과 타인을 축복해 주는 것이다. 앞서 설명한 사랑 명상의

1단계 기운 순환 호흡법과 2단계 여섯 장기 기운 열기를 먼저 한 후에 축복 명상을 하면 더 좋은 효과를 얻는다.

특정인을 지정하고 그 대상에게 축복 명상을 전해 보자. 혼자서 마음으로 조용히 전해도 괜찮고, 상대방과 마주 보고 앉아 소리 내어 진행해도 괜찮다.

내가 진심으로 편안해지고 행복해지기를 바라는 것처럼 당신도 진심으로 편안해지고 행복해지기를 바랍니다.

내가 나 자신을 진심으로 이해하고 사랑할 수 있기를 바라는 것처럼 당신도 당신 자신을 진심으로 이해하고 사랑할 수 있기를 바랍니다.

1. 하기 싫은 이를 대상으로 억지로 해서는 안 된다. 축복해 주고 싶은 마음이 우러나는 이에게 축복해 줄 때 긍정적인 효과를 얻을 수 있다.

2. 알지 못하는 타인을 마음으로 축복해 줘도 되고, 주변의 사물을 축복해 주는 것도 좋다. 상대가 듣지는 못할지언정 축복하는 나의 마음만큼은 따뜻해지며 온화하고 부드러워진다.

3. 사랑 명상과 축복 명상을 함께 사용해도 좋다. 융통성 있게 여러 가지 방법으로 연습해 보자. 자신의 상황에 따라 편안한 방법이 만들어질 것이다. 중요한 것은 정확한 절차를 따르는 것이 아니라 사랑의 마음을 키우고 에너지를 키우는 것이라는 점을 명심하자.

비난의 마음이 올라올 땐 비난 금지 확언으로 스톱!

컨디션이 좋지 않은 날이나 유독 하루 일과가 꼬인 듯한 날은 마음을 괴롭히는 비난의 목소리가 크게 느껴진다. 이 목소리는 자존감을 깎아먹고, 육아를 더욱 힘들게 만든다. 그러나 이미 마음속에 흘러버린 비난의 소리를 원망한들 또 다른 비난의 목소리만 키울 뿐이다. 중요한 것은 그런 자신을 발견했다면 바로 멈추어주는 것이다. 스스로에게 선언을 하고 긍정적인 방향으로 전환해 주는 것이 필요하다. 그럴 땐 부정적인 감정을 풀어주는 손날 타점(후계혈)과 함께 비난 금지 확언을 활용해 보자.

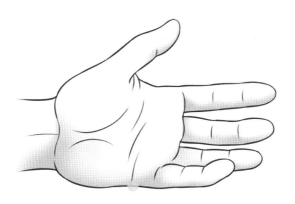

나는 비록 마음속에서 (생각, 감정)이 느껴지지만

그럼에도 불구하고

나는 나 자신을 비난하지 않겠습니다.

나는 나 자신을 상처 주지 않겠습니다.

나는 나 자신을 벌주지 않겠습니다.

나는 나 자신을 공격하지 않겠습니다.

나는 나 자신을 얕잡아보지 않겠습니다.

—

CHAPTER 4

개성

자신의 색깔을 찾아가면 엄마 노릇의 압박감은 덜어진다

엄마 노릇의 주체는 엄마다.
이제는 엄마 노릇의 새로운 시각을 고민할 때.
엄마 자신에게서 바로 그 고민을 찾아야 한다.

마법 같은 모성애?
그것은 환상이다

'어미 개가 새끼 개를 물어 죽인다고?'

충격이었다. 어린 시절 우리 집에서는 개를 한 마리 키웠다. 그 개가 새끼를 낳았고, 나는 호기심 가득한 마음이었다. 기웃기웃하는 나에게 아빠는 말씀하셨다.

"쳐다보면 안 돼! 그러면 어미 개가 스트레스 받아서 새끼를 물어 죽여."

아빠는 어미 개에게 안정적인 환경을 만들어주기 위해 커튼을 쳐주었다. 내가 할 수 있는 건 궁금함을 꾹꾹 참고 기다리는 것뿐이었다. 그러나 어린 나는 알 수가 없었다. 왜 어미 개가 새끼 개를 물어 죽여야 하는 건지, 왜 그런 무서운 일이 일어나는 건지. 하지만 이제는 알 것도 같다. 어미 개에게는 출산으로 인해 겪은 스트레스를 정리할 시간이 필요했던 것이다. 새로운 생명체를 받아들이고 적응할 시간이 필요했던 거다. 이러한 시간들이 오기도 전에 주어지는 또 다른 스트레스는 오히려 새끼까지 위협하는 상황을 가져올 수 있음을 이제는 알 것 같다. 출산을 겪어본 같은 어미로서 알 것도 같다.

첫 출산을 앞둔 나는 많이 두려웠다. 출산의 과정을 내가 잘 이겨낼 수 있을까 걱정도 되었다. 항문에 수박이 낀 느낌이라는데 당최 그 느낌을 상상하기조차 어려웠다. 인간이 느낄 수 있는 통증 중에서 세 번째로 큰 통증이라고 하는데 그 통증 근처에는 가본 적도 없었으니 나에게 출산은 마냥 두렵기만 한 미래였다.

드디어 진통이 왔다. 진통은 상상 이상으로 고통스러웠다. 진통을 겪는 동안 의료진은 내 몸을 아무렇지 않은 듯 휘저었다. 과연 내가 존중받는 인간인 건지, 출산의 도구인 건지 알 수 없는 느낌으로 고통의 시간을 버텼다. 머릿속이 까맣고 숨이 멎어 죽을 것 같았다. 그 와중에도 온힘을 다했다. 다행히 무사히 출산을 했다. 살아 있다는 사실 하나만으로 충분히 안도할 수 있었다. 그것 말고는 아무것도 없었다. 이런 나에게 간호사는 아이의 얼굴을 쓱~ 들이밀었다. 쭈글쭈글 시뻘건 아이의 모습이 너무나 낯설었다. 이 존재의 탄생으로 나는 엄마가 된 것이다. TV에서만 보던 출산의 모습은 아름답고 경이로운 현장이던데 직접 겪어보니 결코 아니었다. 내가 경험한 고통과 내 앞에 놓인 낯선 존재 앞에서 그저 당황스러울 뿐이었다. 이런 나의 혼란과는 다르게 주변은 축제 분위기였다. 새 생명이 탄생한 기쁨, 순산의 기쁨이 버무려져 있었다. 이 안에서 나는 아들을 순산한 우등 엄마가 되어 있었다. 이렇게 엄마 됨의 1차 관문을 합격하였다. 이어 온 분위기는 나를 2차 관문으로 준비시켰다.

몇 명의 엄마가 주욱 둘러앉았다. 각자의 모유 수유에 대한 이야기를 나눴다. 누군가는 직수를 한다, 누군가는 유축을 한다, 누군가는 두 가지 방법을 적당히 활용한다고 했다. 어떤 방법이 맞는 건지는 알 수가 없었다. 그러나 모유를 예찬하는 분위기와 함께 아이에게 모유가 좋다는 사실은 익히 들어 알고는 있었다. 그래서인지 대부분은 모유가 잘 나오는 방법을 찾기 위해 노력하는 중이었다. 그 와중에도 둘째, 셋째를 낳은 엄마들은 여유가 있어 보였다. 초보 엄마였던 나에게 그들의 모습은 위대해 보였다. 산후 조리원에 들어가면 온전한 휴식을 취할 거라 생각했건만 휴식은커녕 모유 공장이 된 것처럼, 내가 젖소가 된 것처럼 모유 수유에 대한 의무감과 집착을 잔뜩 느낀 채 힘든 시간이 이어졌다. 더구나 엄마의 젖을 거부하는 아이 때문에 나는 출산 우등 엄마에서 모유 수유에 실패한 열등 엄마가 되어버렸다.

아무도 설명해 주지 않았다. 엄마가 되는 것이 이렇게 혼란스러움과 고통의 연속이라는 것을. 다만 엄마 됨의 역할과 자격에 대해 설명하려는 사람만 가득할 뿐이었다. 나의 식성, 수면 습관, 감정 변화, 인생 계획까지 모든 게 바뀌어버린 시간들. 엄마가 되는 고통과 두려움에 방황하며 눈물 흘려야 했던 시간들. 어쩌면 초보 엄마였던 그때의 나에게는 엄마 노릇에 대한 시행착오와 처절한 버팀이 먼저 필요했는지도 모르겠다. 나뿐 아니라 엄마가 된 우리 모두가 가장 먼저 감내해야 할 육아의 과정인지도 모르겠다. 이 안에서 모성의 본능, 모성애 같은 것을 느낄 겨를조차 없는 것은 어쩌면 당연한 것 아닐까.

상담 심리사 선안남은 저서 〈상처받은 줄도 모르고 어른이 되었다〉에서 "모성은 선천적으로 생물학적으로 처음부터 완성형으로 피어나는 것이 아니라 수많은 시행착오와 성숙의 과정을 거쳐 다듬어진다. 따라서 모성은 오로지 '엄마'를 통해서만 구하고 요구해야 하는 사랑이 아니다."라고 말했는데 내가 경험한 모성애도 마찬가지였다.

아이를 낳았다고 해서 당연하게 주어지는 특권도 의무도 아니었다. 엄마가 원한다고 해서 마음껏 쥐어짤 수 있는 감정도 아니었다. 하루하루를 버티는 와중에 문득, 아이의 변화를 발견하며 문득, 아이의 웃음을 바라보며 문득 하나씩 발견하면서 느껴가는 것이었다. 그저 아이와 관계 맺는 시간 속에서, 작은 경험 속에서 적응하면서 서서히 무르익어가는 감정일 뿐이었다. 어쩌면 모성애에 대한 비현실적인 기대와 압박이 엄마의 자연스러운 모성애를 막고 있는 것은 아닐까. 처음부터 엄마 되기를 준비하고 태어난 사람은 어디에도 없다. 새롭게 접한 삶의 모습에 익숙해지기 위해서는 적응 기간이 필요하다. 엄마 노릇에 익숙해지는 과정, 아이와의 관계에 익숙해지는 과정이 필요하다. 물론 적응하는 속도가 모두 같을 수는 없다. 그 속도를 다른 이에게 맞출 필요도 없다. 새로운 곳에서 적응하는 아이를 배려하듯이 적응 기간이 필요한 엄마 자신을 먼저 배려해 보자. 자신의 적응 기간 속에서 자신의 속도대로 한 발짝씩 나아가보자. 그 안에서 자연스레 '나만의 모성애'를 만난다면 그것으로 충분하다. 기억할 것은 모성애라는 환상을 좇는 것이 아니라 아이와의 관계에 적응하며 시간을 쌓아가는 것이 먼저라는 사실이다.

사공이 많으면
육아는 산으로 간다

좋은 엄마가 되고 싶었다. 서툰 내가 할 수 있는 최선의 방법은 여러 가지 정보를 얻는 것이었다. 잠투정이 심한 아이를 위해 수면에 관한 육아 서적을 구입하고, 떼쓰기가 심해지는 아이를 위해 훈육 정보를 얻을 수 있는 육아 서적을 구입했다. 많은 책을 사두고 보니 마음만은 든든했다. 아이를 재울 땐 이렇게, 아이를 훈육할 땐 이렇게, 아이를 다독일 땐 이렇게. '오케이 됐어! 이제부터 좋은 엄마 노릇 시작!' 이미 좋은 엄마가 된 듯 으쓱하기도 했다. 어라~ 그런데 이상하다. 분명히 책에서 설명한 대로 했는데 내 아이는 달랐다. 둘 중 하나로 결론이 내려진다. 내 아이가 이상하거나 내가 이상한 엄마이거나. 갈수록 내 뜻대로 되는 것은 아무것도 없었다. 그런데 아이러니하게도 좋은 엄마가 되려고 정보를 찾아볼수록 나는 더욱더 힘들어졌다.

노력하면 할수록 '멘붕'의 연속이었다. 어느 순간 많은 정보는 나에게 협박이 되고 폭력이 되었다. 엄마가 아이의 모든 것을 성공시키기도 하고 망치기도 한다니 그렇다면 아이라는 존재 앞에서 신이라도 되란 말인가, 아니면 초능력이라도 부리라는 말인가. 그래도 딱히 다른 방법이 없었다. 전문가라는 이름을 가지고 주장하는 그들의 무시무시한 결정론 앞에서 나는 자신을 더욱 채찍질할 수밖에 없었다. 스스로를 다그칠 수밖에 없었다.

엄마가 된 뒤로 내 귀에 거슬리는 말이 있다.

"엄마가 왜 그래?", "너 엄마 맞아?", "엄마가 이렇게 해야지."

과연 그들이 말하는 엄마는 어떤 모습인 걸까? 나에게, 세상의 엄마들에게 어떠한 모습을 규정하고 있는 것일까? '엄마가 뭐! 엄마는 어때야 하는 건데!' 나의 엄마 노릇에 불안해하면서도 한편으로는 반발심이 생겼다. 그런데 웃긴 건 그들이 말하는 좋은 엄마의 모습은 분야별로, 상황별로 모두 달랐다. 육아처럼 이렇게 사공이 많은 분야가 또 있을까. 많은 사공은 모두 자신의 기준에 따라 쉽게 말을 던지며 엄마를 흔들어놓는다. 사공의 대부분은 엄마에게 여러 가지 역할만 요구할 뿐 엄마의 상황과 마음을 진정으로 헤아려주는 사람은 많지 않다. 엄마 혼자서 이 많은 사공의 말을 좇아가기에는 한계가 있다. 숨이 차고 가랑이가 찢어질지도 모른다.

예로부터 우리나라는 가족과 공동체를 중시하는 문화가 발달되어왔다. 인간은 혼자서 살아가기는 어려운 존재이기에 공동체 안에서 규율을 따르며 적절히 협력하고 살아가는 것이 필요하다. 그러나 지나치면 개인의 기질과 욕구는 무시되고 역할과 의무를 강요하는 부작용을 낳는다. 사회가 점점 변화하고 있다. 핵가족뿐 아니라 1인 가구가 늘어나는 추세에 따라 개인의 생활과 욕구, 다양성을 중시하는 분위기가 확장되고 있다. 무엇이 좋고 나쁘다고 말할 수는 없다. 뭐든 지나쳤을 때 문제가 발생하게 되며, 두 가지가 적절히 조화를 이룰 때 건강한 사회가 만들어진다. 그러나 사회가 변화함에도 불구하고 엄마가 되면 여전히 과거의 삶으로 회귀하는 듯하다. 여성이 마땅히 누려야 할 자율성과 다양성을 존중받지 못한 채로 세상이 규정한 엄마 역할을 요구받는다. 이러한 분위기는 엄마 개인의 기질과 욕구에 대한 배려보다는 역할과 의무를 강요하는 분위기를 낳는다.

사실 시대의 변화에 따라 요구되는 엄마의 역할은 달랐다. 조선 시대는 가부장적인 체계를 이루고 있었다. 그 안에서 여성은 엄마라는 지위를 획득하는 것이 자신의 가치와 위상을 높이는 방법이었으며, 여성의 정체성을 엄마로 강화해 버리는 역할을 했다. 특히 아들을 낳는 것은 중요한 기준이 되었다. 그렇다고 해서 아이의 양육과 교육까지 엄마가 전담했던 것은 아니다. 아빠가 자녀, 특히 아들의 교육을 책임지는 역할을 했으며, 자녀 양육 또한 집안의 여러 사람과 공유하고 있었다.

개화기 시대부터는 여성 교육의 중요성이 커지기 시작했다. 그러나 이 시기의 여성 교육은 여성을 위한 교육이 아니라 주로 자녀 교육자로서의 역할이 강조되었다. 일제 강점기에는 일본의 '현모양처론'이 정책적으로 전파되었는데, 이로 인해 많은 신여성은 가정으로 돌아가 현모양처가 되어야 했다. '현모양처' 여성상은 지금까지도 바람직한 엄마 역할을 규정짓는 기준과 시각이 되고 있다.

산업화 시기에는 중산층이 형성되기 시작하였다. 확대된 중산층은 남성의 역할을 사회 활동으로, 여성의 역할을 자녀 양육과 가사 노동으로 구분하면서 성 역할을 분리하는 현상을 만들었다. 이로 인해 전업주부로서 자녀 교육에 많은 관심을 가지는 엄마의 역할이 중요시되었다.

이처럼 사회가 요구하는 엄마의 역할은 시대의 흐름에 따라 계속 변화하였다. 방법에는 차이가 있을지언정 여성의 엄마 노릇에 대한 의무와 중요성은 꾸준히 강조되고 있는 실정이다. 그런데 지금 이 시대를 살아가는 엄마들의 실상은 어떠한가. 이제 여성은 평등한 학교 교육이 가능해졌다. 엄마라는 지위 획득을 통해 자신의 가치를 높일 필요도 없어졌다. 그럼에도 불구하고 엄마가 됨으로 인해 요구되는 사회·문화적인 역할은 여전히 존재한다. 여기에 시대의 변화에 따라 맞이한 새롭고 다양한 역할까지 요구되고 있으며, 과학으로 무장한 엄마 노릇에 대한 요구는 한층 더 높아진 기준과 강화된 책임을 강요받는다. 이러한 분위기는 엄마에게 의무와 당위를 준다. 더구나 아이의 교육에 대한 부담감, 아이들이 노는 것마저도 돈으로 연결되는 실상, 미래가 불안한 이 사회의 현실은 엄마로 하여금 또 다른 압박감까지도 느끼게 한다. 이것은 엄마 노릇을 더욱 무겁게 만드는 작용을 한다. 아이를 키우며 무거운 짐을 잔뜩 짊어지고 가야 하는 현실은 엄마 자신에게도, 아이에게도 부정적인 영향을 가져올 수밖에 없다.

어차피 시대에 따라, 상황에 따라 변화해 가는 역할이라면 정해진 답은 없다. 그러므로 누군가가 규정한 엄마 노릇에 휩쓸리듯 쫓아갈 필요는 없다. 의무감과 역할에 자신을 한정 지을 필요도 없다. 엄마 노릇의 주체는 '엄마'다. 이 주체는 쏙 빠진 채 사회나 타인이 규정한 역할만을 쫓아가는 것은 앙금 없는 찐빵이나 다름없다. 더구나 지금 이 시대는 과잉 정보의 유입으로 인해 더욱 혼란스러운 사회가 되어버렸다. 이 안에서 여러 가지 정보에 빠져 허우적대지 않기 위해서는 무엇보다 엄마의 소신과 중심이 필요하다. 엄마 노릇에 대한 새로운 시각의 고민이 필요하다. 그 고민을 다른 곳에서 찾을 필요는 없다. 바로 엄마 자신에게서 찾아야 한다. 그 안에서 찾아낸 엄마의 방법이 정답이며, 최선의 방법이자 최고로 잘할 수 있는 방법이다.

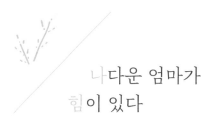

나다운 엄마가
힘이 있다

　　박혜란이라는 여성 학자가 있다. 가수 이적의 엄마이며, 아들 셋을 서울대에 보낸 엄마로도 유명하다. 그녀는 저서 〈믿는 만큼 자라는 아이들〉을 통해 과거의 육아 에피소드와 소신을 밝힌다. 인상 깊었던 건 동네에 소문이 날 정도로 집을 치우지 않고 쿨하게 아이들을 키워온 모습이다. 아이는 스스로 자란다는 철학을 가지고 덤덤하게 육아의 길을 걸어온 그녀의 뚝심이다. 아무런 흔들림이 없었을 것 같은 그녀이지만 고민이 전혀 없었던 것은 아니다. 자신이 '평균적인 엄마 노릇에 미치지 못하는 게 아닐까' 하는 평범한 고민과 불안의 시간을 거쳐야 했다. 그럼에도 불구하고 그녀는 자신을 성찰하고 자기만의 색깔을 발휘했다.

　　그녀의 자기다운 육아 방식에는 꾸미지 않은 자연스러움과 당당함이 있었다. 그 안에서 아이들 또한 자연스럽게 자기다운 모습을 발휘하며 자라났을 것이다. 물론 결과적으로 세 자녀 모두 서울대 입학이라는 조건을 갖추었기에, 유명한 가수 이적의 엄마가 되었기에 그녀의 육아 가치관이 사람들의 관심을 많이 받았다는 사실도 부정할 수가 없다. 그러나 그녀의 자녀들은 서울대에 가지 않았더라도, 가수 이적이 되지 않았더라도 엄마의 자연스럽고 자신감 넘치는 에너지를 받아 어디에서든 자신의 삶을 건강하게 만들어가는 성인이 되었으리라 믿어 의심치 않는다.

개인적인 차이는 있겠지만 엄마가 되기까지 약 30년 동안(2018 통계청 출산 통계에 의하면 초산모의 평균 연령은 31.9세) 여성은 각자의 사고와 행동 패턴을 가지고 살아왔다. 더구나 우리 모두에게는 타고난 기질이 있다. 각자가 가진 기질은 자신을 편안하게 드러내는 방법이면서 개인의 존재를 특별하게 밝혀주는 개성이 되기도 한다. 그러나 이러한 모습을 일상생활에서 건강하게 발휘하지 못하는 경우라면 자기답지 않은 행동을 표출하게 되면서 많은 불편함과 고통을 수반한다. 이것은 엄마 역할에서도 마찬가지다. 자기답지 않은 모습을 흉내 내는 것은 다른 이의 삶을 연기하며 사는 것과 같다. 그러므로 엄마는 나다움을 찾을 수 있을 때 가장 편안할 수 있으며, 가장 자연스러운 힘이 표현될 수 있다.

그렇다면 나다운 모습은 어떻게 찾을 수가 있을까? 그것은 자신의 특성을 객관적으로 바라보고 이해하는 가운데 만날 수 있다. 누구든 자신만의 행동 패턴을 가지고 살아가며 이것은 각자의 삶 속에서 다양하게 표현되며 개인적인 특성이 되어준다. 이러한 자신의 특성을 아는 것은 중요하다. 자신을 알아야만 스스로를 조율할 수 있게 되고, 어떠한 상황 속에서도 자기에게 맞는 방법을 찾기가 쉬워진다. 여기에 자신이 가진 자질을 발견하고 건강한 방향으로 갈고 닦아 활용하게 되면 어느 누구도 흉내 낼 수 없는 자신만의 강점이 된다. 강점 활용에 대한 중요성은 긍정 심리학에서부터 시작되었다.

긍정 심리학은 결점과 약점에 초점을 두던 기존의 심리학에서 벗어나 강점과 덕목에 초점을 맞추면서 인간을 바라보는 시각에도 변화를 가져다주었다. 과거의 심리학계가 결점과 약점에 초점을 두었던 것과 마찬가지로 대부분의 사람들 역시 자신의 부족한 점에 집중을 한다. 부족한 부분을 없애거나 보완해서 더 나은 자신이 되고, 더 나은 역할을 해내려고 노력한다. 물론 어느 정도의 기술 습득과 연습으로 부족한 부분을 보완할 수는 있다. 그러나 부족한 부분에 대한 집중과 노력은 큰 효과를 발휘하기가 어렵다.

이에 반해 강점을 기반으로 한 접근 방식은 자신감을 고취시키고 삶을 긍정적인 방향으로 이끌며 희망감을 높여준다. 강점을 통해 확장된 에너지와 능력은 약점을 보완하고 다듬는 데에도 유용하게 쓰이는 역할을 한다. 따라서 더 건강하고 행복한 삶을 만들어가기 위해서는 자신이 가진 자질의 긍정적인 측면을 발견하고 건강한 표현을 연습하면서 강점을 키워나가는 것이 우선되어야 한다.

호주의 심리학과 교수이자 긍정 심리학을 연구하는 리 워터스는 이렇게 표현했다.

　"자신의 강점을 발휘하는 일이 좌절된 사람은 '내가 나답지 못하다'고 느낀다."

　육아 안에서도 엄마의 강점이 발휘되지 못하면 나답지 못하다는 느낌이 반복될 수밖에 없다. 이것은 엄마의 정체성 혼란과 함께 육아를 불안정하게 만드는 요인이 된다. 그러므로 엄마는 자신의 강점을 발견하고 키워가려는 시도를 통해 '나다운 육아'를 만들어가는 것이 중요하다. 이러한 엄마의 시도는 편안하고 안정감 있게 엄마 역할을 수행하는 힘이 되어주며, 행복한 육아를 만들어주는 기본이자 양육자로서의 역할과 능력에도 자신감을 고취 시켜주는 유용한 방법이다.

에니어그램으로 자신을 이해하고,
타인을 이해하자

　　나와 비슷한 사람들이 모여 있었다. 사는 곳, 직업, 나이 등 모두 다른 환경 속에서 살아왔지만 같은 성격 유형을 가진 우리는 비슷한 패턴의 생각과 생활 방식을 가지고 있었다. 그들과의 대화에서는 동질감과 공감대가 쉽게 이루어졌다. 반면 나와 전혀 다른 사람들도 한 곳에 모여 있었다. 나와는 달랐지만 그들 또한 나름의 익숙한 패턴을 가지고 살아가고 있었다. 그들과의 대화는 이질감이 있었다. 그러나 또 다른 삶의 모습과 차이를 발견할 수 있었다. 에니어그램 워크숍을 통해 만난 다양한 삶의 모습은 단순한 호기심을 넘어 인간의 다양성을 이해하고 경험하는 시간이 되었다.

　　세상의 모든 사람이 나와 같을 수는 없다. 각자의 기질과 특성이 있고, 그 안에서도 여러 가지 표현 방식으로 자신을 드러내고 살아가고 있다. 가족이라 할지라도, 내 아이라 할지라도 마찬가지다. 그러나 이러한 사실을 인지하지 못한 채 살아가면 자신이 가지는 생각과 방법이 전부인 양 타인에게 요구하기가 쉬워진다. 이것은 시로 상처를 주고받는 연결 고리 안에서 살아가게 한다. 감사하게도 에니어그램은 나에게 인간을 바라보는 새로운 시각을 가져다주었다. 나와 다른 이들의 모습을 객관적으로 바라보는 틀이 되어주었다.

에니어그램은 인간을 이해하던 고대인의 지혜다. 구술로 전해져 내려오다 여러 학자의 연구에 의해 체계적으로 정립되었다. 현재는 인간의 성격을 이해하는 탁월한 도구로 주목받고 있다. 에니어ennea는 숫자 '9'를 뜻하는 말이며, 그램gram은 '그림'을 뜻하는 말이다. 즉, 에니어그램은 '9개의 점으로 이루어진 그림'을 뜻하는 말이다.

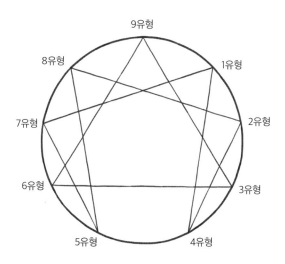

앞의 그림에서 보여주는 것처럼 에니어그램에서는 인간의 성격을 아홉 가지 유형에 바탕을 두고 설명한다. 인간은 누구든 이 아홉 가지 유형의 특성을 모두 가지고 있으며, 그중 가장 많은 특성을 드러내는 유형이 자신의 기본 유형이 된다. 에니어그램은 기본 유형을 바탕으로 성격적인 특성을 설명하지만 이것 또한 고정된 것은 아니다. 그림 속의 연결된 선과 같이 각 유형은 서로 연결되어 있으며, 각자의 상황과 컨디션에 따라 역동적으로 움직일 수 있다. 에니어그램이 가진 이러한 특징은 인간의 성격을 단편적인 시각으로 바라보지 않고, 유동적이고 입체적으로 바라보도록 돕는다. 그러므로 우리가 에니어그램을 이해하게 되면 인간의 성격적인 특성과 역동적으로 변화하는 다양한 측면을 알 수 있다. 또한 다른 이를 바라보는 시각에도 변화를 주어 긍정적인 인간관계를 형성하는 데에도 유용한 작용을 한다.

심리학자 리 워터스는 성격의 긍정적인 측면을 말하는 '성격 강점'을 키우는 것이 중요하다고 주장한다. 이것은 특정 재능을 발휘하는 성과적인 강점을 키우는 데에도 기본이 되어준다고 한다. 그러므로 특정 재능을 생각하기 이전에 자신의 성격적인 자질을 이해하고 이것의 강점을 키워가는 것이 선행되어야 하며, 이것은 엄마 역할에서도 유용한 자원으로 활용될 것이 분명하다. 여기에서는 에니어그램의 아홉 가지 기본 유형에 따른 엄마의 성격적 특성을 이해하는 시간을 가져보고자 한다. 성격 분류의 시작이 되는 기본 유형을 중심으로 각 유형에 대한 이해의 시간을 가지고, 그들의 강점이 무엇인지, 육아에서 어떻게 활용될 수 있는지, 긍정적인 측면과 함께 그것을 건강하게 활용할 수 있는 실마리를 제공하고자 한다. 육아는 자신만의 색깔을 가진 엄마와 자신만의 색깔을 가진 아이가 서로 결합해서 만들어가는 여정이다. 그러므로 인간의 다양성을 인정한 채 엄마와 아이가 서로 보완하는 방법을 찾아가는 것이 필요하다. 우선 에니어그램을 통해 엄마 자신을 이해하고, 엄마라는 이름 아래 다양한 성격적 특성과 소중한 개성이 있음을 바라보는 계기가 되기를 바란다. 이러한 시각을 아이를 바라보는 데에도 활용할 수 있기를 바란다.

에니어그램, 이렇게 활용하자

1. 자신의 기본 유형을 찾는다

누구든 한 개인 안에는 에니어그램의 아홉 가지 유형이 모두 존재한다. 그리고 그중 가장 많이 가지고 있는 특성이 자신의 기본 유형이다. 이 기본 유형은 한 사람의 성격을 설명하는 중심이 되기 때문에 에니어그램에서는 자신의 기본 유형을 찾는 것이 가장 먼저 필요하다. 기본 유형을 찾기 위한 방법으로는 크게 세 가지가 있다.

첫 번째, 객관적인 검사지를 활용하는 것이다. 검사지를 통해 나온

점수 중 가장 높은 점수가 자신의 기본 유형이 된다. 이 방법의 좋은 점은 정해진 형식에 따라 짧은 시간 안에 자신의 유형을 확인할 수 있다는 점이며, 방향을 잡기 어려운 사람들에게 좋은 가이드가 되어준다. 그러나 정확하고 심층적인 분석을 위해서는 전문가의 도움과 비용이 필요하기도 하며, 검사 도구의 언어에 한정되어 좁은 시각으로 자신을 바라보게 되는 단점을 가진다.

- 한국에니어그램교육연구소의 홈페이지(www.kenneagram.com)에 접속하면 회원 가입과 검사료 결제를 통해 온라인 유료 검사가 가능하다.

- 에니어그램 관련 도서 〈엄마가 먼저 알아야 할 에니어그램〉과 〈걱정만 하는 부모 말하지 않는 아이〉에는 기본 유형을 파악할 수 있는 간단한 검사지가 수록되어 있으니 참고하길 바란다.

두 번째, 아홉 가지 기본 유형에 대한 설명을 이해하고 자신과 가장 부합하는 유형을 스스로 찾아가는 것이다. 이 방법은 여러 가지 기본 유형에 대해서 숙지하는 가운데 에니어그램에 대한 전반적인 이해도를 높일 수 있다는 장점을 가진다. 또한 자신의 유형을 찾기 위해 스스로를 다각도로 바라보며 삶을 돌아보고 정리하는 계기가 되어준다. 자기 자신과 진지하게 대화하며 가까워질 수 있는 기회도 될 수 있다. 아쉬운 점은 꾸준한 자기 관찰 속에서 이루어지기에 시간이 오래 걸리기도 하며, 정형화된 가이드가 없어 방향을 잡기가 어려울 수 있다.

세 번째, 위의 첫 번째와 두 번째 방법을 모두 활용하는 것이다. 이 것은 두 가지 방법의 장점과 단점을 보완하면서 다양한 방법으로 자 신을 파악하고 이해를 높일 수 있다는 점에서 추천하고 싶다. 먼저 에 니어그램 검사지를 통해 자신의 기본 유형을 확인하고 에니어그램에 대한 전반적인 이해를 통해 깊이를 더해 가는 것이 좋다.

2. 기본 유형이 가진 특성을 이해하고 자기 자신을 발견한다

기본 유형을 파악하는 것으로 끝난 것이 아니다. 무엇이든 그 안 에서 자신을 발견하고 연구할 때 유용하게 활용할 수 있다. 이것을 위해서는 일상에서 스스로의 행동에 대한 관찰을 이어가는 것이 중 요하다.

진지한 탐색의 여정을 통하여 성격 유형이 자신의 일상에서는 어떤 행동을 가져오는지, 어떠한 부분에서 편안하고 좋은지, 어떠한 부분 에서 힘들어지는지 등 실제의 삶과 접목시켜 끊임없이 발견하고 성찰 해 가는 것이 필요하다. 이것은 자기 자신을 발견하고 알아가는 과정 이며, 스스로를 조율하는 방법을 찾아가는 과정이다. 자신을 알아갈 때 육아에서도 스스로를 조율하고 활용하는 방법을 찾을 수 있다. 이 를 통해 이전보다 더 편안하게 자신을 이끌어갈 수 있다.

3. 자신이 가진 강점을 활용하며 성장의 방향으로 나아간다

자신의 성격 유형이 가진 강점(긍정적인 측면)을 살리고 계발하도록 연습한다. 자기 유형의 긍정적인 측면이 잘 계발되면 안정감과 여유를 만나게 된다. 이렇게 편안하고 내적인 힘이 높아진 상태에서는 내면에 잠재하고 있는 또 다른 유형의 발달에도 긍정적인 영향을 줄 수 있다. 그러므로 자신의 성격 유형의 강점을 키워나가는 데 주력하는 것은 성장의 지름길이라고 볼 수가 있다. 더불어 자신이 가진 강점을 알맞게 활용하게 되면 다양한 영역에서도 능력을 발휘하도록 도와준다. 이렇게 확대된 에너지는 다른 사람이 가진 장점을 이끌어내는 데에도 긍정적으로 활용할 수가 있다. 따라서 엄마가 자신의 성격 유형을 이해하고 이것의 강점을 활용하여 성장의 방향으로 나아가면 자연스레 아이에 대한 관찰과 관심으로 확장해 나가게 된다. 이것은 아이의 장점을 이끌어내는 데에도 활용할 수 있고, 엄마와 아이가 서로의 접점을 찾아가도록 현명한 시각을 제시해 줄 수 있다.

아홉 가지 유형별 다양한 엄마의 색깔

에니어그램에서는 인간이 무의식적으로 에너지를 얻는 원천에 따라 '힘의 중심'을 세 가지(머리, 가슴, 장)로 구분해 설명한다. 쉽게 말해 특정한 상황에서 에너지를 얻고 문제를 해결하는 방식이 주로 어디에서 비롯되는지를 설명하는 것이다. 에니어그램의 아홉 가지 유형은 이 세 가지 힘의 중심을 기준으로 분류할 수 있다.

1. 가슴형 엄마

가슴형의 사람들은 감정을 많이 활용한다. 이들은 자신의 이미지에 관심이 많아 주변의 평가에 영향을 받는다. 가슴형으로는 2유형, 3유형, 4유형 세 가지가 있다. 각 유형에 따라 나타나는 특성은 다음과 같다.

❶ 2유형: 따뜻하고 헌신적인 엄마

건강한 상태일 때	건강하지 않은 상태일 때
· 공감 능력이 뛰어나다.	· 타인을 소유하려고 한다.
· 적응력이 좋다.	· 과잉보호를 한다.
· 친절하다.	· 다른 이가 시키는 대로 행동한다.
· 인간관계를 중요시한다.	· 자신의 욕구에 솔직하지 못하다.
· 타인을 잘 보살핀다.	

➡ **그녀의 이야기:** 다정 씨는 친근한 인간관계 속에서 타인에게 도움을 줄 수 있을 때 가장 큰 행복을 느낀다. 이러한 특성으로 인해 누구에게나 친절하게 대하고, 좋은 관계를 맺는 것을 즐긴다. 그녀는 주변의 많은 사람을 잘 챙기고, 이웃 엄마들과도 잘 지낸다. 문제는 남들

의 부탁을 거절하기가 어렵고, 자신의 고충을 말하는 게 어려울 때가 생긴다는 것이다. 그럴 때면 힘이 들지만 자신의 욕구를 뒤로하고 다른 이의 부탁을 들어주는 게 더 마음 편하다. 자신의 아이들에게도 많은 도움을 주고 싶다. 이러한 마음은 아이들을 따뜻하게 격려하고 많은 관심을 쏟으면서 자신을 헌신하게 한다. 때로는 도움을 주고 싶은 마음이 너무 커져 아이들을 과잉보호하고 소유하려는 태도를 보이기도 한다.

➡ **그녀를 위한 조언:** 2유형은 타인의 욕구에 많은 관심을 보인다. 다른 이들의 욕구를 채워주고 친절과 도움을 베풀면서 인정받기를 원한다. 이러한 특성은 자녀를 양육하면서도 큰 희생 정신으로 발휘되기가 쉬운데 지나친 희생은 아이들로 하여금 죄책감을 심어주고 독립심을 방해하기도 한다. 그러므로 이들은 타인에 대한 관심과 친절을 조절해 나갈 필요가 있다.

이를 위해 틈틈이 자신만의 시간을 만들고 자기 자신의 욕구를 파악하는 것이 필요하다. 2유형에게는 다른 이와의 친밀한 소통이 중요하다. 육아를 하면서도 긍정적인 인간관계를 꾸준히 맺어가는 것에 에너지를 쏟는다. 그러나 다른 이의 인정을 바라면서 관계를 지속하는 것은 건강한 관계를 가로막는 장애가 된다. 그러므로 스스로의 존재와 가치를 인정하는 가운데 관계를 맺어가는 것이 필요하다. 아이와의 관계에서도 자신의 욕구와 한계를 인정하면서 적절한 돌봄을 펼

처나갈 때 2유형이 가진 가장 큰 자질인 공감 능력과 따뜻한 보살핌이 건강하게 작용할 수 있다.

❷ 3유형: 목표 지향적이고 적극적인 엄마

건강한 상태일 때	건강하지 않은 상태일 때
· 긍정적이다.	· 성급하다.
· 목표 지향적이다.	· 뽐내기를 좋아한다.
· 추진력이 강하다.	· 지나치게 성공을 중시한다.
· 효율적이다.	· 이미지를 중시한다.
· 열정적이다.	

➡ 그녀의 이야기: 열정 씨는 목표를 가지고 적극적으로 전진할 수 있을 때 기분이 좋다. 그녀는 어디에서든 긍정적인 사고를 가지며, 뛰어난 계획과 추진력을 바탕으로 움직인다. 자신의 아이들 또한 삶의 목표에 도달할 수 있도록 도와주고 싶다. 그래서 아이들을 격려하고 적극적으로 뒷바라지를 한다. 목표 의식이 강한 열정 씨는 일상생활 속에서 무언가를 부지런히 하고 있기 때문에 항상 바쁘다. 때로는 아이들의 이야기를 세심하게 들어줄 여유가 없을 때도 있으며, 아이의 성공에 지나친 관심을 기울이기도 한다.

➡ 그녀를 위한 조언: 3유형은 '목표 중심적'이고, '성취'하고자 하는

욕구가 크다. 이로 인해 어디에서든 적극적이고 매력적인 사람으로 보인다. 그러나 항상 진취적인 자세로 임하려는 태도는 과로나 스트레스를 가져와 신체와 정신의 건강을 해치게 만들 수 있다.

앞만 보며 달리다 보면 주변을 돌아볼 여유도 줄어들게 된다. 그러므로 이들은 속도를 줄이고 자기 자신을 돌아보는 시간을 갖는 것이 중요하다. 그 안에서 자신의 아이나 주변 사람들과 보폭을 맞추며 함께 나가려는 노력도 병행하는 것이 필요하다. 높은 목표와 성공보다는 한 단계 한 단계 나아가는 작은 과정을 통해서 즐거움을 찾을 수 있다면 3유형이 가진 긍정적인 태도와 진취적인 모습은 아이들로 하여금 삶에 큰 동기 부여가 되어줄 수 있다.

❸ 4유형: 개성 강하고 매력적인 엄마

건강한 상태일 때	건강하지 않은 상태일 때
· 감수성이 풍부하다.	· 감정 기복이 심하다.
· 창조적이다.	· 자의식이 강하다.
· 개성이 강하다.	· 우울한 감정에 빠지기 쉽다.
· 직관력이 있다.	· 예민하다.
· 세련되었다.	

➡ 그녀의 이야기: 특별 씨는 개성이 강하고, 자신만의 독특함을 추구하는 것이 행복하다. 그녀가 가진 창조적이고 자유로운 사고방식은

육아 안에서도 독자적인 방법을 만들어내기도 한다. 그녀는 풍부한 감수성으로 아이들의 감정과 개성을 존중할 줄 안다. 그러나 풍부한 감수성은 자기 세계에 빠지게 하거나 감정 기복을 심하게 만들어 육아를 힘들게 하기도 한다. 아이들이 사랑스럽기는 하지만 매일 똑같이 반복되는 평범한 육아 일상이 그녀에게는 유독 버겁다. 그래서 일상의 단조로움과 결핍을 채우고 싶으며, 끊임없이 자신의 정체성을 찾고 싶어진다.

➡ **그녀를 위한 조언**: 4유형의 풍부한 감수성과 창의력은 예술 분야에 두각을 보이기가 쉽다. 그러므로 육아 안에서 느껴지는 스트레스나 우울감을 음악, 춤, 미술 등과 같은 예술로 승화시키면 감정을 조율하는 데 도움을 받을 수 있다. 이들은 자유분방하게 자신의 개성을 추구하고자 하는 욕구가 강하기 때문에 매일 반복되는 육아와 집안일을 다른 유형에 비해 더욱 버겁게 느낄 수 있다. 그렇다고 해서 삶의 기본이 되는 일상을 무시할 수는 없는 법이다.

안정된 일상 가운데 4유형의 창의력과 특별함이 더욱 빛날 수 있음을 기억하자. 일상 속 명상이나 예술 활동 등으로 자기 자신과 소통하면서 안정을 찾아갈 때, 4유형이 가진 감수성과 개성을 바탕으로 아이들과 즐겁게 소통할 수 있다. 이것은 아이들 또한 각자의 개성에 맞게 창의력을 키워주는 환경을 제공해 준다.

2. 머리형 엄마

머리형의 사람들은 분석하고 사고하는 기능을 많이 활용한다. 이들은 논리적인 근거를 바탕으로 소통하는 것을 좋아한다. 머리형으로는 5유형, 6유형, 7유형 세 가지가 있다. 각 유형에 따라 나타나는 특성은 다음과 같다.

❶ 5유형: 현명하게 관찰하는 엄마

건강한 상태일 때	건강하지 않은 상태일 때
· 현명하다.	· 냉정하다.
· 통찰력이 있다.	· 감정을 회피한다.
· 관심 분야를 탐구한다.	· 인색하다.
· 생각이 깊다.	· 은둔한다.
· 논리적이다.	

➡ 그녀의 이야기: 지혜 씨는 관심 분야에 대한 정보를 찾으며 탐구하는 것이 즐겁다. 이러한 특성으로 인해 아이를 키우면서도 육아에 대한 지식과 정보를 얻으며 상황을 이해하고 싶다. 이는 지혜 씨에게 더욱 논리적이고 현명한 사고를 가져다준다.

그녀는 감정적으로 쉽게 흥분하지 않으며, 통찰력 있게 상황을 바라보면서 침착하게 대응하는 모습을 보인다. 또한 사람과의 정서적인 교류보다는 자신의 공간 안에서 음악을 듣거나, 관심 분야를 탐구하고, 사색하는 시간이 편안하고 좋다. 그래서인지 하루 종일 아이와 교류해야 하는 육아는 유독 힘들게만 느껴진다.

➡ **그녀를 위한 조언:** 5유형의 침착하고 통찰력 있는 모습은 다른 이로부터 신뢰감을 느끼게 한다. 5유형은 '지식'을 추구하고자 하는 욕구가 크다. 그러므로 혼자만의 시간 속에서 관심 분야를 탐구하거나 사색하는 것은 즐기는데 이러한 활동을 통해 에너지를 얻게 된다.

그러나 관심 분야나 자기만의 세계에 지나치게 몰입하게 되면 아이들이나 타인과의 소통을 방해하는 요인이 된다. 그러므로 에너지를 보충하는 데 꼭 필요한 개인 시간과 영역을 확보하되, 자신이 가진 정보와 지식을 다른 이들과의 관계 속에서 함께 나누고 실행하는 연습을 병행할 필요가 있다. 또한 자신의 감정을 인지하는 연습을 통해 아이들과도 마음으로 소통해 나가면 5유형이 가진 지식과 현명하고 통찰력 있는 모습은 육아 안에서 건강하게 소통이 될 수 있다.

❷ 6유형: 성실하고 모범적인 엄마

건강한 상태일 때	건강하지 않은 상태일 때
· 준비성이 좋다.	· 융통성이 부족하다.
· 성실하다.	· 긴장을 자주 한다.
· 책임감이 강하다.	· 걱정을 많이 한다.
· 믿음직스럽다. / · 조심성이 있다.	· 의존적이다.

➡ **그녀의 이야기:** 성실 씨는 안전을 중요하게 생각한다. 그래서 무엇이든 미리 준비하는 것이 마음 편하다. 육아 또한 안전하게 만들어가기 위해 많은 것은 꼼꼼하게 준비하면서 성실하게 임한다. 그녀는 누구보다 모범적으로 엄마 역할을 수행할 수 있는 자질을 가졌다. 그러나 익숙하지 않은 상황에서는 많은 긴장을 느끼기도 한다. 때로는 너무 많은 걱정에 잠을 이루지 못한다. 불확실한 미래와 불안정한 사회를 생각하면 아이들이 정말 걱정이 된다. 그녀가 가지는 불안과 걱정은 아이들에게 많은 잔소리로 전달되며 통제하기도 한다.

➡ **그녀를 위한 조언:** 6유형은 '안전'을 중요하게 생각한다. 따라서 많은 변화보다는 맡은 바를 책임감 있고 성실하게 해낼 수 있는 사람이다. 이것은 아이들에게도 신뢰와 안정감을 줄 수가 있다. 그러나 자신이 생각하는 안전이 흔들리거나 불확실한 상황 앞에서는 과도한 불안을 느끼기 쉽다. 이것은 자기 스스로를 긴장시키고, 아이들을 통제하거나 훈계하는 방법으로 표출이 된다. 그러므로 이들은 반복되는 불안과 긴장을 인식하고 마음을 차분하게 안정시키는 연습이 필요하다. 그러한 노력 속에서 스스로에 대한 믿음을 키워나갈 때 자신과 아이를 지켜낼 힘과 용기가 생겨날 수 있다. 이러한 모습은 아이에게 더욱 신뢰를 주며, 6유형이 가진 책임감과 성실함을 바탕으로 안전한 환경을 제공해 주는 원천이 된다.

❸ 7유형: 낙천적이고 재미있는 엄마

건강한 상태일 때	건강하지 않은 상태일 때
호기심이 많다.	산만하다.
즐거움을 추구한다.	충동적이다.
낙천적이다.	현실적이지 않다.
상상력이 풍부하다.	인내심이 부족하다.
사교적이다.	

➡ 그녀의 이야기: 기쁨 씨는 즐겁고 유쾌한 상황을 좋아한다. 또 낙천적인 사고방식을 갖고 있고 즐거운 일을 찾아다니는 것을 좋아한다. 이왕이면 육아도 즐겁게 보내기를 원한다. 아이와는 친구 같은 편안한 관계를 유지하고, 재미있는 경험을 많이 만들어나가고 싶다. 아이와 함께 만들어가야 할 재미있는 계획이 너무나 많기 때문에 머릿속이 산만해질 때도 있다. 일상 속에서는 정신이 없고 진지함이 부족한 사람으로 비춰지기도 한다.

➡ 그녀를 위한 조언: 7유형은 즐거운 활동에 대한 호기심이 많고, 두뇌 회전이 빨라 아이디어도 풍부하다. 이들의 사교적이고 밝은 에너지는 어디에서든 분위기를 활기차게 만든다. 자신의 아이들 또한 즐거운 경험으로 이끌어주며, 자유롭고 다양한 삶을 경험하도록 돕는다.

이는 7유형이 추구하는 '즐거움'과 '행복'에 대한 욕구가 크기에 가능하다. 그러나 이로 인해 빨리 싫증을 내는 경향을 드러낸다. 고통스러운 상황 앞에서는 다른 즐거운 상황으로 전환하며 고통을 회피해 버리기도 한다. 이러한 특성은 집중력과 인내심이 부족한 모습으로 반복될 수 있다. 삶을 살아가며 항상 즐거운 일들만 만날 수는 없다는 것을 기억하자. 어렵고 힘든 것을 작은 것부터 직면해 나가는 연습을 해나가자. 긍정과 부정이 공존하는 양면적인 현실을 받아들이고 집중력과 끈기를 발휘할 수 있을 때 안정적인 토대가 마련이 된다. 이것을 기반으로 발휘된 7유형의 호기심과 낙천적인 태도는 아이에게도 밝고 긍정적인 에너지로 전달이 될 수 있다.

3. 장형 엄마

장형의 사람들은 본능을 중요시하는 공통점을 가진다. 이들은 몸의 반응에 따라 즉각적으로 움직여 행동하는 것이 쉽다. 장형으로는 8유형, 9유형, 1유형 세 가지가 있다. 각 유형에 따라 나타나는 특성은 다음과 같다.

❶ 8유형: 진취적이고 자신감 넘치는 엄마

건강한 상태일 때	건강하지 않은 상태일 때
· 자신감이 넘친다.	· 고집이 세다.
· 솔직하다.	· 독재적이다.
· 신념이 확고하다.	· 자기중심적이다.

- 에너지가 많다.
- 의리가 있다.

- 화를 폭발시킨다.

➡ **그녀의 이야기**: 리더 씨는 강하고 자신감이 넘친다. 이러한 자신감으로 인해 어디에서든지 강한 리더십을 발휘할 수가 있다. 육아를 할 때도 자신감 넘치게 아이들을 리드할 줄 알고, 다른 위험으로부터 강하게 아이를 보호하는 힘을 발휘한다. 때로는 자신의 주장이 너무 강한 나머지 아이들을 강압적으로 통제하기도 한다. 자기 기준에서 어긋나는 상황이 되면 분노를 조절하지 못할 때도 있는데, 솔직한 성격답게 분노를 강하게 표출해 버린다.

➡ **그녀를 위한 조언**: 8유형의 가장 큰 특징은 '자신감', '힘', '활동성'이라는 단어로 표현할 수 있다. 이들은 어떤 일을 행함에 있어 강한 이미지를 가지고 밀어붙이는 힘을 가지고 있다. 또한 누군가에게 통제당하는 것을 좋아하지 않으며 독립적인 모습도 보인다. 이러한 특성은 자신감 넘치는 태도로 삶을 살아가게 하고, 어떠한 상황에서든 진취적으로 헤쳐 나가도록 돕는다. 그러나 너무 강한 힘으로 주변 사람들과 상황을 통제하게 되면 다른 가족 구성원은 위축되는 분위기가 만들어진다. 그러므로 8유형의 사람들은 자기 안의 연약함을 인정하면서 자신이 가진 힘과 자신감을 조절하는 것이 필요하다. 인간은 누구나 연약한 부분이 존재한다. 강한 힘으로 스스로를 보호하려고 애

쓰는 것보다 인간다운 연약함과 함께 부드럽고 다정한 힘이 표현된다면 8유형의 건강한 리더십으로 아이들을 이끌어갈 수 있다는 것을 기억하자.

❷ 9유형: 온화한 평화주의자 엄마

건강한 상태일 때	건강하지 않은 상태일 때
· 온화하다.	· 우유부단하다.
· 수용적이다.	· 소극적이다.
· 배려심이 많다.	· 게으르다.
· 인내심이 강하다.	· 잘 잊어버린다.
· 편안하다.	

➡ 그녀의 이야기: 화합 씨는 타인과의 관계 속에서 다른 이를 배려하면서 부드러운 모습을 보여준다. 그래서인지 많은 사람이 그녀를 편안한 상대로 여긴다. 육아에서도 마찬가지다. 대부분 중립을 지키는 가운데 아이들의 이야기를 잘 들어주는 편이다. 그녀는 여러 가지 대안 중에 갈등하는 상황이 참 힘들다. 특히 무언가를 결정해야 하는 것은 정말 어렵다. 그래서 결정을 미루거나 우유부단하고 소극적인 태도를 보인다. 난감한 상황이 많은 육아를 어떻게 풀어나가야 할지 정말 어려울 때가 많다.

⇒ **그녀를 위한 조언:** 9유형의 배려심과 타인을 수용하는 태도는 다른 이에게 편안함을 준다. 자신의 아이들 또한 온화하게 배려하며 편안하게 존중해 준다.

이들의 가장 큰 욕구는 '평화'다. 이 평화를 유지하기 위해 다른 이에게 허용적이며, 갈등 상황을 유발하지 않으려고 노력하는 것이다. 9유형은 평화롭게 많은 것을 품으면서 가고 싶은 욕구가 크기 때문에 여러 가지 대안 중에 한 가지를 결정하는 것이 어렵다. 이것은 선택을 미루게 하고 우유부단한 모습으로 비춰진다. 그러나 이들에게도 내면의 분노가 자리하고 있다. 그것을 주로 수동적이고 고집스러운 태도로 드러낸다. 아주 가끔씩은 쌓였던 분노가 무섭게 폭발하기도 한다.

9유형은 자신을 위한 조용하고 평화로운 시간이 필요하다. 이 시간 안에서 스스로의 대화를 통해 자신이 진정 원하는 것이 무엇인지 알아가자. 삶을 살아가며 갈등 상황을 피할 수만은 없음을 기억하고 스스로의 선택을 믿는 가운데 적절한 타협과 조정을 익혀갈 수 있다면 9유형이 가진 수용적이고 온화한 모습은 육아 안에서 건강하게 표현될 수 있다.

❸ 1유형: 도덕적이고 원칙적인 엄마

건강한 상태일 때	건강하지 않은 상태일 때
· 도덕적이다.	· 비판적이다.
· 신뢰할 수 있다.	· 완벽주의적이다.
· 원칙적이다.	· 엄격하다.
· 이상적이다.	· 간섭이 많다.
· 정리를 잘한다.	

➡ 그녀의 이야기: 원칙 씨는 도덕적이고 책임감이 강하다. 그녀는 자신이 세운 원칙을 지켜나가는 것을 좋아한다. 육아도 강한 책임감과 도덕적인 인식을 바탕으로 올바르게 해 나갈 수가 있다. 그러나 가끔은 이런 책임감이 부담되고 버겁다. 노력해도 자꾸만 흐트러지고 뜻대로 되지 않는 육아는 그녀를 화나게 하기도 한다. 이런 스트레스는 아이들을 비판하고 강하게 억압하는 상황을 만든다. 그녀는 아이들이 더 질서 있고 올바르게 자라나면 좋겠다. 그래서 부족한 부분은 고쳐주고 싶다.

➡ 그녀를 위한 조언: 1유형은 '원칙'을 중요하게 생각한다. 그래서 자신이 생각하는 원칙과 기준에 따라 완벽해지려고 노력한다. 이러한 행동을 통해 타인과 세상을 더 좋은 방향으로 개선시킬 수 있다고 믿기 때문에 더욱 부지런히 움직이며 노력한다. 엄마 노릇에 있어서도 자

신이 생각하는 기준에 따라 완벽한 엄마가 되기를 꿈꾼다. 그러나 이로 인해 스트레스를 받기가 쉽다. 1유형이 세운 높은 기준은 아이에게도 높은 기준을 요구하고 다그치는 상황을 만든다. 그러므로 이들은 자신 스스로와 주변에게 세운 이상적인 기준을 내려놓는 것이 필요하다. 모든 사람과 상황은 완벽할 수 없다는 것을 기억하고, 도덕적인 잣대로 스스로를 억압했던 스트레스를 해소하는 방법을 찾아보자. 유연한 원칙과 도덕성이 발휘될 때 1유형이 가진 양심적인 사고방식과 책임감은 아이들에게 모범적인 성인으로 비춰지며 긍정적인 작용을 할 수가 있다.

CHAPTER 5

일상

벗어날 수 없다면 특별함을 찾자

모든 상황을 마음대로 바꿀 수 있는 사람은 없다.
그러나 적어도 자신이 처한 상황에서 무엇을 발견하고
선택할 것인지는 바꿔갈 수가 있다.

엄마가 삼시 세끼
자판기는 아니라고!

'세상에~ 이런 진수성찬이!'

나는 도서관에서 사 먹는 백반이 좋다. 식판 칸칸이 반찬이 놓여 있는데, 채소 반찬에서 고기반찬까지 영양소를 고루 갖춘 식단이다. 여기에 따뜻한 밥과 국까지 주는 데도 단돈 4천 원만 내면 된다. 후식으로 마시는 커피 한 잔도 4천~5천 원인 시대에 말도 안 되는 가격으로 밥 한 끼를 먹는 것이다. 나에게 이 식단은 상다리 부러지는 밥상 부럽지 않다. 살림을 한 뒤로는 '남이 해준 밥은 다 맛있다'는 말이 진리처럼 다가오는데 남이 밥 해주고 설거지까지 해주니 아주 크게 대접받는 기분이다. 나 혼자 이 음식을 하나하나 만든다면 과연 얼마나 많은 시간과 에너지를 써야 하는 것일까. 생각만으로도 고되다.

어느 날 큰맘 먹고 갈비찜을 만들었다. 먼저 갈비에 붙은 하얀 기름 덩어리를 손수 잘라낸다. 통에 담고 찬물을 부어준다. 최소 1시간 정도는 핏물을 빼야 한다. 중간중간 물을 갈아주는 정성도 필요하다. 아직 갈비는 불 위에 올라가지도 않았다. 그런데 이 작업만 해도 한 시간이 넘게 걸린다. 갈비 손질을 하다가 문득 친정 엄마 생각이 났다. 나의 엄마는 내가 원하는 음식을 마법사처럼 뚝딱 해내는 당연한 존재인 줄 알았다. 그런데 아니었다. 엄마의 음식은 순식간에 이루어지는 마법이 아니었다. 엄마의 시간, 노동, 고민, 인내, 사랑 그 모든 것의 결합이었다. 이제는 내가 만든다. 내 아이들을 위해 나의 시간, 노동, 고민, 인내, 사랑을 버무린다. 가끔은 허무하다. 다듬고, 썻고, 볶고, 끓이기를 반복하며 완성된 밥상은 한 시간도 안 돼서 입속으로 사라진다. 잘 먹기라도 한다면 그나마 뿌듯하고 감사하다. 애써 만들어 놓은 음식 앞에서 아이들은 딴짓을 한다. 깨작깨작 먹고 있는 모습을 보면 의욕이 상실된다. "엄마, 라면 먹고 싶어~"라는 발언에는 짜증이 솟구친다. 한 번씩은 이런 생각이 불쑥불쑥 올라온다.

'내가 자판기야? 삼시 세끼 차려내는 자판기야? 그냥 고맙습니다 하며 잘 좀 먹어봐!'

삼시 세끼의 소용돌이는 나를 빙빙 돌리는 것 같다. 여기저기 떨어져 있는 밥풀과 김 부스러기, 잔뜩 쌓인 설거지는 옵션이다. 먹는 활동은 에너지를 보충하고 힘을 얻는 수단이다. 그러나 그 책임을 가진 누군가에게는 에너지를 사용하고 힘을 쓰는 수단이 된다. 책임을 누가 가지느냐에 따라 우리는 서로 다른 것을 얻고 잃는다. 이로 인해 삼시 세끼에 대한 의무감은 어느새 엄마의 고통이 되어 있고 엄마를 압박하는 수단이 되어 있다. 엄마가 삼시 세끼만 하고 사나? 다른 생명체의 배설물과 항문까지 책임지고 있다. 분명 방금 한 생명체의 항문을 닦아줬는데 또 다른 생명체의 응가가 기다린다. 이 작은 생명체들은 자신의 섭취가 끝나면 배설을 시작하는데 대부분은 엄마의 식사를 끊고 이루어지는 기가 막힌 타이밍을 가진다. 인간의 신체는 반복된 섭취와 배설로 유지되기에 어쩔 수는 없다. 그런데 이들은 점점 더 인간다움을 원하며 또 다른 자극을 요구한다. 이 역시 대부분을 엄마라는 존재에 매달리고 있으니 아이는 엄마의 쉴 새 없는 노동과 인내를 통해 자라나는 존재임이 분명하다.

사회에서 하는 일은 출근과 퇴근이라는 경계가 있다. 일한 대가를 정당하게 받는 보수라는 것도 있다. 성과를 다른 이에게 인정받거나 승진을 한다는 기대라도 있다. 그러나 엄마는 아무런 대가 없이, 퇴근 없이 무한 반복되는 노동을 해나간다. 집이 일터이고, 일터가 집인 채 뱅뱅 돌려지고 있다. 경력으로 인정받지도 못하는 열정 페이의 노동 현장을 살아가고 있는 것이다. 기계라면 문제가 되지 않는다. 영혼도 감정도 생각도 없기에 스위치 하나로 매일 반복되는 일들을 해낼 수 있기 때문이다. 〈느리게 더 느리게〉의 저자 장샤오헝은 일에는 '한계 효용 체감의 법칙'이 적용된다고 말했다. 그의 설명에 따르면, 환경이 거의 변하지 않고 매일 비슷한 업무를 하면서 같은 사람들만 만나다 보면 '단물'이 금세 빠지는데 그 자리를 상실감을 동반한 권태감이 채운다고 한다.

그런데 엄마는 오죽 하겠는가. 매일 반복되는 육아와 가사를 위해서 자신의 영혼을 미뤄두는데, 자신의 감정을 눌러 담는데, 자신의 생각을 고쳐먹는데 이 안에서 한 번씩 차오르는 건 어쩔 수가 없다. 홀쩍 떠나고 싶은 욕구마저, 조용히 숨고 싶은 욕구마저 모두 없애버릴 수는 없는 노릇이다. 결혼 전에 봤던 KBS 드라마 〈엄마가 뿔났다〉가 기억이 난다. 엄마 노릇에 지친 주인공 '한자'는 가족 구성원에게 가출 선언을 했다. 당시의 나는 그 행동을 공감할 수 없었다. 그러나 이제는 알 것 같다. 그 엄마가 왜 뿔이 났는지. 그 엄마가 왜 가출 선언을 해야 했는지.

'엄마가 애를 맡기고 쯧쯧쯧…….'

사람들은 쉽게 비난을 한다. 아이를 어린이집에 보내고 커피숍에 앉아있는 엄마를 한가한 사람으로 치부해 버린다. 때로는 업무 태만인 '맘충'으로 싸잡아 말한다. 그런데 그들은 알고 있을까? 아이를 보내고 맞이한 잠깐의 시간이 엄마에게는 작은 숨통이라는 것을. 그 숨통이 아이와 웃으면서 재회할 수 있는 힘이 된다는 것을. '맘충'이라는 가벼운 말로 쉽게 표현해서는 안 될 엄마의 힘겨운 마음이 들어 있다는 것을. 사실 나도 육아가 어떤 것인지 뼛속 깊이 경험해 보기 전까지는 알 수가 없었다. 그러나 이제는 절실해졌다. 남들 편하게 마시는 커피 한잔이 나에게는 절실한 소망이 되었다. 남들 쉽게 하는 외출이 누군가의 도움 없이는 힘든 절실한 기다림이 되었다. 그리고 한 번씩 이런 생각을 한다.

'딱 일주일만 삼시 세끼에 대한 의무감 내려놓고, 집안일 내려놓고 휘리릭 떠나고 싶다. 조용한 호텔에 처박혀서 누가 차려주는 밥상 받으면서 푹 쉬고 싶다.'

이런 소망마저도 없다면 엄마의 일상은 너무나 팍팍하다.

한 번씩
브레이크가 필요하다

아이가 독감에 걸렸다. 나의 모든 계획이 스톱이다. 바로 전에 첫째가 앓고 지나갔는데 이번엔 둘째가 시작이다. 조금만 있으면 방학이건만 독감 덕에 방학이 더 앞당겨졌다. 아픈 아이는 상전이다. 우리 집에서 최고의 대우를 받는다. 힘없이 쓰러져 자는 모습이 안쓰러워 저절로 '우쭈쭈~' 하게 된다. 나는 아이의 회복을 위해 온힘을 다 쏟는다. 먹을 것을 신경 쓰고 최대한 비위를 맞춘다. 시간에 맞춰 약을 먹이는 것도 빼먹을 수 없다. 체온을 재기 위해 틈틈이 잠에서 깬다. 아이는 힘없던 기간을 지나 점점 회복의 단계에 올라선다. 이쯤 되면 컨디션이 살아나 슬슬 본색을 드러낸다. 몸이 근질근질해져 집 안을 활보하기 시작한다. 독감이라 외출하기 어려운 아이는 넘치는 에너지를 집 안에서 발산한다. 나에게도 한계가 온다. 이미 첫째의 병

간호를 한 차례 치렀다. 더구나 독감으로 인해 방학까지 앞당겨졌으니 함께 있을 시간이 길어졌다. 숨이 턱 막혀온다. 더 이상은 에너지가 없다. 피로가 쌓인 내 몸이 점점 이상해진다. 아이의 컨디션이 살아난 대신 내 컨디션은 죽어만 간다. 눈은 퀭하고, 정신은 점점 몽롱해진다. 아무것도 안 하고 누워 있고 싶다.

최근 보육 교사의 휴게 시간이 의무화되었다. 그들의 근로 환경을 개선하고 보육의 질을 높여보고자 하는 취지인데, 현실적인 문제는 제쳐두고 의도는 참 좋다. 보육 교사뿐 아니라 모든 노동자에게는 휴게 시간이 필요하다. 더 능률적으로 에너지를 쓰기 위해 필요한 시간이며, 인간다운 삶을 영유하기 위해 필요한 시간이다. 이 휴게 시간은 돌봄 노동 종사자에게는 더욱 절실한 시간이기도 하다. 돌봄 노동은 주로 신체적·정신적으로 자립하기 어려운 이들을 위해 이루어지는 활동이다. 따라서 돌봄 노동자의 컨디션은 돌봄 받는 이들에게 지대한 영향을 미치기에 이들의 노동 환경과 처우는 중요한 문제라고 볼 수 있다. 이렇게 중요한 역할임에도 불구하고 가정 내 엄마의 돌봄 노동은 사회의 관심을 받지 못하는 실정이다. 그저 엄마라면 당연히 견뎌야 할 사랑과 인내의 아름다운 시간으로 포장될 뿐이다. 그러나 엄마도 평범한 사람이다. 적절한 휴식 없이 돌봄 노동을 이어가는 것은 엄마의 몸과 마음을 혹사시키는 행위다. 이것은 엄마 자신뿐 아니라 아이에게도 좋지 않은 영향을 미친다. 그러므로 엄마 스스로라도 찾아야 한다. 스스로 휴게 시간을 챙기면서 인간다운 삶을 영위해 나가야 한다. 그렇다면 자신의 생활을 잠시 돌이켜보자. 혹시 휴식을 취한다는 이유로 스마트폰을 사용하고 있지는 않은가? 우리와 가장 밀접한 기기답게 스마트폰은 휴식하는 시간마저도 동행하기가 쉽다. 그러나 스마트폰의 많은 자극은 오히려 우리를 혼란스럽게 하고 스트레스를 가중시킨다. 진짜 휴식은 신체와 정신의 회복을 돕는 활동이어야 한다. 이를 위해 보다 더 적극적인 휴식의 시간을 만들어가는 것이 필요하다.

일단 모든 것을 멈춘다. 아이에 대한 관심, 집안일, TV, 휴대폰 등. 그리고 호흡에 집중한다. 다쓰무라 오사무의 설명에 따르면, 호흡법을 통해 우리의 몸과 마음은 편안하게 이완이 된다. 이때 대뇌는 알파파와 세타파의 뇌파 상태가 된다고 한다. 이 상태에서 두뇌는 유연하게 사고하고, 직감이 활발하게 작용할 수 있으며, 일이나 학습 능력도 향상되고 건강이 회복되는 토대도 된다. 따라서 항상 피곤하고 여유가 없는 엄마에게 호흡법은 잠시 쉬어 가는 통로가 되어주며, 가벼운 전환과 건강까지 돕는 유용한 시간이 되어줄 수 있다. 나는 꾸준히 호흡법을 연습하면서 휴식하는 시간을 적극 챙긴다. 깊은 호흡은 나를 정비하는 시간이 되어주며, 바쁜 일과 속에서 잠깐의 여유를 찾고 중심을 잡는 시간이 된다. 그 힘을 이용해 다시 일어나 일상을 돌본다. 이것은 아이와 함께 있어도 가능한 활동이다. 자신에게 휴식을 선물하고자 하는 마음과 꾸준한 연습이면 충분하다.

깊은 호흡으로 휴식하기 1단계 -기운 순환 호흡 연습하기

내가 활용하는 호흡법은 앞서 소개한 마음침법의 기운 순환 호흡이다. 호흡법이 익숙하지 않다면 가장 먼저 기운 순환 호흡을 꾸준히 연습하는 것부터 시작하자.

① 구부정하지 않은 편안한 자세를 취한다. (호흡을 방해하지 않는 자세면 된다.)
② 코로 천천히 깊게 숨을 들이마신다.
③ 입을 '하' 벌리고 마음속으로 3~5까지 세면서 천천히 길게 내쉰다. 내쉬는 숨을 길게 하는 것이 이완에 더 효과적이다.
④ 가슴과 배를 모두 이용하여 호흡한다. 숨이 가슴과 명치를 통과해 아랫배까지 내려갔다가 올라오는 것을 느껴보자.

• 어렵다면 가슴에 코가 있다고 상상해 보자. 내 몸이 풍선이 되었다고 상상하면서 가슴의 코를 통해 숨이 들어와 부풀어 오른다고 생각해 보자.
• 깊은 호흡은 한 번에 3~5회 정도면 적당하다. 무리해서 호흡하지 않도록 한다.

깊은 호흡으로 휴식하기 2단계 - '정심주 호흡'과 '합곡혈' 활용하기

'정심주'라는 말은 어느 한곳에 마음을 둔다는 뜻이다. 정심주 호흡은 감정과 신체에 집중하면서 깊은 호흡을 병행한다. 불편한 감정이 느껴진다면 그 감정이 신체 어느 곳에서 느껴지는지 찾아보자. 그것을 마음으로 바라보면서 1단계에서 연습한 기운 순환 호흡을 천천히 3회 실시하면서 동시에 합곡혈을 자극한다. 합곡혈은 피로가 쌓여 휴식이 필요한 순간에 정심주 호흡과 함께 자극해 주면 좋다. 참고로 합곡혈은 몸속에 적체된 것을 제거하고 소통시켜주는 역할을 한다. 따라서 배 속에 있는 아이까지도 소통시키는 기운이 있기 때문에 강한 자극이 있는 침 치료의 경우에는 주의가 필요한 혈자리이다. 지압 정도의 자극은 크게 염려할 필요는 없으나 유산기가 있는 경우에는 지압하는 자극 또한 조심할 필요가 있다. 만약 이것이 염려된다면 임신부의 경우에는 합곡혈 대신 손날 타점(후계혈)을 지압해 주면 된다.

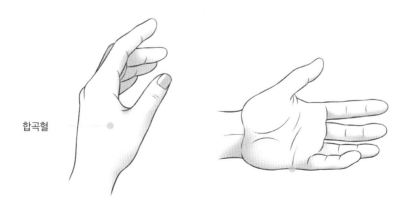

합곡혈

완벽한 엄마?
아니! 인간미 있는 엄마로

"빨리 씻어!"

"빨리 먹어!"

"빨리 옷 입어!"

"늦었어!"

"얼른!"

"빨리!"

아침이면 내 입에서 나오는 레퍼토리는 비슷하다. 하지만 아이들은 꿋꿋하다. 급한 나의 마음은 아랑곳하지 않고 지조 있게 뭉그적거린다. 어느 날은 어린이집 차량 시간이 촉박해져 허겁지겁 아이들을 챙겨 밖으로 나갔다. 딸아이의 머리카락은 엘리베이터에서 대충 묶어줬다. 휴~ 다행이다. 딱 맞춰 내려가 차에 태웠다. 안도의 한숨을 내쉬면서 다시 집으로 들어왔다. 그런데 아뿔싸! 이게 뭐야? 발을 본 순간 놀라움을 금치 못했다. 한쪽 발은 남편의 슬리퍼, 다른 발은 나의 슬리퍼라니. 리본이 봉긋한 슬리퍼와 투박한 검정 슬리퍼가 각각 내 발을 차지하고 있는 형색이 영 어울리지 않았다. 순간 머릿속에 많은 얼굴이 스쳐 지나갔다. '엘리베이터에서 만난 5층 아저씨, 3층 아줌마. 세상 반갑게 인사했는데…….' '걸으면서 만났던 그 많은 사람들. 과연 내 발을 봤을까?' 창피함에 소름이 쫙 끼쳤다. 뒤로 가기를 몇 번이고 클릭해서 삭제라도 하고 싶었다. 이내 웃음이 나왔다. 시트콤 같은 내 상황이 너무나 웃겼다. 씻지도 않고 머리는 떡진 상태, 눈곱도 제대로 떼지 못한 모습, 거기에 짝짝이 신발까지……. 다시 생각해도 웃음 나오는 몰골이다. 아이를 등원 차량에 태우며 여러 엄마를 만난다. 누가 쫓아오기라도 하는 듯 허겁지겁 부리나케 달려가는 모습들, 대충 질끈 묶거나 말리지도 못한 젖은 머리카락은 바쁜 엄마의 아침을 상징하는 듯하다. 비단 나만은 아닐 것이다. 협조도 안 되는 아이를 챙기는 일, 그러면서 엄마 자신도 챙기는 일. 정신없이 바쁘게 하루를 시작하는 건 많은 엄마의 보편적인 일상일 것이다.

언젠가 함께 만난 아이 엄마가 자신의 스케줄을 줄줄 늘어놓았다. '큰애 학원 데려다주고, 바로 둘째 데리러 가고, 집에 가서 밥하고, 대충 청소하고…….'

누군가와 나눈 대화는 아니었다. 자신의 할 일을 정리하는 혼잣말이었다. 속으로 '피식~' 웃음이 나왔다. 나와 별반 다를 게 없는 생활이었다. 그녀도 여러 가지 육아 업무로 인해 신경이 분산되는 환경에 놓여 있었고, 나 또한 그렇게 살아가고 있었다. 그렇기에 자신에게 주어진 많은 업무를 정리해 보는 시간이 필요했던 거다. 우리는 엄마라는 이름 하나 얻었을 뿐이다. 그런데 순식간에 멀티플레이어가 되어 있다. 그것도 대부분의 관심을 아이에게로 쏟은 멀티플레이어다. 그러고 보면 엄마는 참 똑똑하고 두뇌 회전이 빠른 존재다. 아이들로 인해 정신없이 동분서주하는 환경 속에서도 분야가 다른 여러 가지 일을 처리한다. 더구나 그 일들이 동시다발적으로 발생했을 때에도 나름의 해결 방안을 찾아간다. 캐서린 엘리슨은 힘든 도전을 헤쳐 나가는 과정에서 엄마의 지적인 능력이 향상되고 어느새 한꺼번에 여러 가지 일을 해내는 '다중 작업의 전문가'가 된다고 말했다. 동에 번쩍 서에 번쩍 하며 아이의 감정, 건강, 안전, 교육 스케줄뿐 아이라 그 안에서 벌어지는 세세한 일들까지도 매일의 일상 속에서 통합해 가고 있으니 이만큼 훌륭한 다중 작업의 전문가가 또 어디 있단 말인가.

처음엔 이 많은 일을 모두 잘하고 싶었다. 그래야 좋은 엄마가 되는 거라고 스스로를 채찍질했다. 항상 영양소 고루 담긴 음식을 아이에게 대령하고, 빠릿빠릿하게 움직이면서 완벽하게 육아와 가사를 이끄는 이상적인 엄마의 모습이 되기를 바랐다. 그러나 내 현실은 달랐다. 완벽한 엄마를 향해 에너지를 끌어 모아 몸과 마음을 쓰고 나면 금방

소진이 되었다. 소진이 될 만큼 힘겨웠던 노력에 비해 결과로 보여진 현실은 나를 허탈하게 만들었다. 이런 현실을 바라보면서 아이들을 향한 짜증과 나 자신을 향한 짜증이 이어졌다. 절대 이룰 수 없었던 완벽한 엄마라는 환상은 오히려 육아 일상을 더욱 힘들게 만들었다. 내가 세워놓은 완벽이라는 기준이 나를 묶어놓고 점령하는 결과를 낳은 것이다. 나의 힘겨움은 자연스레 아이들에게 전달될 수밖에 없었다. 그렇다면 내가 추구했던 완벽한 엄마라는 환상은 과연 누구에게 도움이 된단 말인가. 어차피 육아는 계속 이어진다. 하루이틀 아이를 키울 것도 아니고, 육아라는 긴 호흡의 여정을 걸어갈 때에는 차라리 힘을 빼고 가는 것이 낫다. 그래서 벗어 던지기로 했다. 완벽한 엄마를 내려놓고, 에너지를 아끼며 고루 분산하기로 했다. 지금 나의 목표는 모든 것의 완벽함이 아니다. 나에게 주어진 많은 과업을 내가 할 수 있는 만큼만 꾸준히 해내는 것이다.

완벽한 사람은 이 세상 어디에도 없다. 그런데 엄마라고 별수 있을까. 그럴 일은 없겠지만 만약 완벽한 누군가가 있다고 가정해 보자. 그 사람조차도 육아를 하며 우아하게 자신의 완벽함을 유지하기는 힘들다. 한 가지를 꾸준히 연마해도 부족한 실정인데 엄마의 신경을 분산시키는 이 환경은 어느 누구든 완벽과는 더욱 거리가 먼 삶을 살게 한다. 정신과 전문의 하지현 박사는 완벽한 부모는 오히려 아이에게 좋지 않은 영향을 미친다고 했다. 그의 주장은 다음과 같다.

"부모가 실수도 하고 그걸 인정하는 모습도 보여야 아이도 실수를 두려워하지 않고 도전할 용기를 얻는다. 너무나 완벽한 부모 밑에서 자라면 아이는 실수에 대한 두려움이 지나치게 커지거나, 부모를 넘어설 용기 자체를 내지 못해 평생 부모의 그늘 아래에서 살면서 인정받는 것에만 집착하게 된다."

아이에게 필요한 것은 완벽한 엄마 로봇이 아니다. 완벽한 엄마가 되려는 욕심은 엄마 자신을 힘들게 할 뿐 아니라 아이에게도 좋지 않은 영향을 미친다. 그렇다면 차라리 마음 편히 부족한 엄마가 되는 것이 낫지 않을까. 이것은 엄마 노릇을 포기하거나 자책하는 태도를 말하는 것이 아니다. 부족할 수밖에 없는 엄마 자신을 있는 그대로 인정하는 것이다. 혹시 실수를 하고 잘못했더라도 솔직히 인정하고 반성하면서 성장하려는 자세면 충분하다. 감당하기 어려운 부분은 누군가의 도움을 받으면서 헤쳐 나가면 된다. 엄마의 부족함은 가능성이다. 그만큼 채워나갈 것이 많다는 의미다. 하나씩 성장할 가능성이 있다는 것이다. 부족한 부분은 사람이기에 당연하고 사람이기에 보여줄 수 있는 자연스러운 모습이다. 완벽을 내려놓고 그 안에 엄마의 인간적인 모습과 진심을 담는다면 아이는 그것을 먹고 자신의 삶을 잘 걸어 나갈 것이다. 엄마의 부족함과 실수를 통해 드러나는 '인간미'를 아이에게 편안하게 보여줘도 괜찮다.

피할 수도 즐길 수도 없다면
좋은 점을 발견하자

"아이들 어린이집에 보내고 나면 뭐 해요?"

한 워킹맘이 나에게 물었다.

"음…… 집안일 하고, 책도 읽고, 하고 싶은 공부도 하고 그래요."

나의 대답을 들은 뒤 그녀는 말했다.

"좋겠다~ 나도 그렇게 여유롭게 시간 좀 보내고 싶다."

나는 멋지게 일하는 그녀의 모습이 부러운데 그녀는 나의 모습을 부러워하다니……. 참 아이러니한 상황이 아닐 수 없다. 우리는 자기가 가지지 못한 것을 다른 이에게 발견하게 되었을 때 부러움을 느낀다. 때로는 강한 질투심까지도 생기며 스스로의 상황을 못마땅하게 여긴다. 정작 자신이 무엇을 가지고 있는지는 바라보지 못한 채로 말이다.

한때는 더 나은 행복을 찾아 헤맸다. 육아 안에서는 모든 행복이 무너지는 것만 같았다. 적어도 지금의 상황만 아니면 나을 거라는 생각을 했다. 모유 수유를 하던 때에는 모유만 끊으면 자유롭고 행복할 것 같았다. 밤 기저귀를 떼던 때에는 지긋지긋한 이불 빨래만 없으면 행복할 거라 생각했다. 그런데 아니었다. 막상 내가 기다리던 상황을 만나도 나는 또 다른 행복의 조건을 찾고 있었다. 건강하지 않은 마음 습관이었다. 이것은 아무리 발버둥 쳐도 행복을 멀리 밀어내기만 했다. 어리석게도 소중한 하루하루를 놓쳤고, 끊임없이 불행이 순환되는 결과는 낳았다.

달라이 라마, 틱낫한과 함께 21세기를 대표하는 영적 지도자인 에크하르트 톨레는 그의 저서 〈지금 이 순간을 살아라〉를 통해 지금 존재하는 삶에 감사하라고 말한다.

"많은 사람이 행복을 기다립니다. 그러나 행복은 미래에 올 수 없습니다. 어디서 무슨 일을 하든 그 일을 존중하고 인정하고 충분히 받아들이십시오. 지금 가진 것을 완전히 받아들이십시오, 그러면 가진 것에 대해, 있는 그대로에 대해, 존재하는 것에 대해 감사하게 됩니다."

나의 삶이 여기에 있는데 다른 곳을 본들 무슨 소용이 있을까. 어떠한 상황에서든 분명히 그 안에서 좋은 것들을 얻기 마련이다. 다만 그것은 스스로가 발견하지 못하면 저 멀리로 날아가버린다. 그렇다면 과연 육아가 나에게 가져다준 좋은 것들은 뭐가 있을까. 이 안에서 내가 얻게 된 것들은 뭐가 있을까.

첫째, 엄마가 되고 나니 더 큰 세상을 마주한다. 사실 나는 아이들을 그다지 좋아하는 사람이 아니었다. 그러나 내 아이를 키웠던 경험은 다른 아이들의 존재마저도 새롭게 바라보게 한다. 이제는 천진난만한 아이들의 모습이 너무나 사랑스럽다. 더 나아가 우리 사회에까지도 관심이 확대되었다. 앞으로 내 아이들이 살아가야 할 세상이다. 지금보다는 더 좋은 방향으로 나아가기를 바라는 마음이 크다. 이런 나의 바람은 관심을 사회 문제로까지 확장시켜주었다.

둘째, 새로운 인간관계를 배운다. 육아는 나에게 새로운 관계를 맺어준다. 지역 사회에서, 아이가 다니는 교육 기관을 통해서 'ㅇㅇ엄마'라는 이름으로 다양한 인간관계가 만들어진다. 그러나 마냥 쉬운 것은 아니다. 한 동네 안에서 맺어진 복잡한 연결 고리로 인해 더욱 신경이 쓰인다. 이러한 복잡 미묘한 관계의 경험은 나에게 인간관계를 배우고 사람을 배우는 기회를 준다. 잘 맺어진 관계는 육아 동료로서, 삶의 동료로서 든든한 동반자가 되어주기도 한다.

셋째, 인내심을 제대로 테스트한다. 아이를 키우면서 많은 시련을 마주하게 된다. 잠도 잘 수 없고, 밥도 제대로 먹을 수 없는 상황. 대화도 안 통하고, 상식도 없는 존재이지만 최대한 인간답게 대하려는 노력. 때로는 고통이 극에 달하는 순간을 만나기도 했지만 버티고 버텼다. 내가 이렇게 인내심이 강한 사람이었나. '나'라는 사람의 새로운 면을 발견하게 되었다.

넷째, 다시 일어서고 싶은 동기 부여가 된다. 삶의 거대한 파도 앞에서 고통스러운 순간들이 있었다. 특히 강박증과 만성 불안으로 싸우던 시기에는 몹시 괴롭고 힘겨운 시간이 이어졌다. 이것을 이겨내기 위해 온갖 노력을 기울였지만 뜻대로 되지 않아 수많은 좌절을 했다. 이럴 때 아이들이 내게 다시 힘을 내어 살아가게 하는 원동력이 되었다. 아이로 인해 생긴 삶에 대한 강한 책임감은 더욱 건강하고 진취적으로 살아가고자 하는 욕구를 주었다. 덕분에 매번 다시 일어설 수 있었다.

누구든 모든 상황을 마음대로 바꿀 수는 없다. 그러나 적어도 자신이 처한 상황 안에서 무엇을 발견하고 선택할 것인지는 바꿔갈 수가 있다. 어떠한 삶의 모양새든 자신이 만날 수 있는 발견이 있고, 배움이 있다. 여전히 먼 곳을 바라보며 한탄하며 보낼 것인가, 아니면 그 안에서도 얻게 된 소중한 것들을 발견할 것인가, 이것은 각자 스스로의 선택이다. 행복은 멀리 있는 것이 아니다. 자신을 멈춰 세우고 지금 여기에서 주변을 둘러볼 수 있다면 가까운 곳에서 이미 누리고 있는 행복의 순간을 만날 수 있다. 굳이 멀리에서 찾아 헤매지는 말자. 각자가 발 딛고 있는 여기에서 소중한 것들을 발견해 보자. 시각을 조금만 바꾸면 행복에 더욱 가까워질 수 있다.

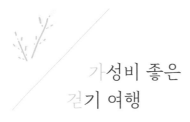

가성비 좋은
걷기 여행

　　그녀는 의욕이 없어 보였다. 작은 아이를 품에 안고 거대한 나무를 등받이 삼아 무료한 듯 앉아 있었다. 그녀와 같은 장소에 있던 나는 의욕이 넘쳐흘렀다. 이온 음료 광고에서나 볼 법한 환상적인 보라카이의 바다는 감탄을 절로 자아냈다. 가슴이 뻥 뚫리며 작정하고 즐기고픈 욕구가 솟구쳤다. 현지에 살고 있는 그녀에게는 익숙하고 지루하기 짝이 없는 일상일지도 모른다. 그러나 처음 접한 나에게는 새로운 자극이자 설렘이 되었다. 그렇게 낯선 장소가 주는 호기심과 탐색, 새로운 경험의 묘미를 보라카이에서 맛볼 수 있었다. 하지만 그것도 잠시, 타국에서까지 이어진 아이들과의 실랑이는 나의 감동을 마법같이 파괴해 버렸다. 활기차게 시작한 여행은 금세 피곤함으로 바뀌었다. 여행지에서 나는 이방인이 되었다. 맘껏 소통할 수가 없으니 외국인만 보면 머리가 멍해지고 가슴은 두근거려 남편에게 의존해야 했다. 그것은 새로운 피곤함과 불편함을 가져왔다. 그럼에도 불구하고 반복된 일상과 삼시 세끼에 대한 부담감을 덜어낸 것만으로도 여행의 혜택은 충분히 얻어졌다.

한 엄마는 나에게 이렇게 말했다. "나는 밥하기 싫어서 여행 가~." 또 다른 엄마는 이렇게 말했다. "나는 절대 여행은 포기하지 못하겠어. 여행을 다녀오면 기분이 전환되거든. 그 힘으로 다시 살아가는 것 같아." 그래서 우리는 여행을 떠난다. 불편함을 감수하고서라도 일상을 벗어나서 일탈과 자유와 전환을 경험한다.

가수 윤종신이 이방인 프로젝트를 떠난단다. 많은 것을 내려놓고 홀로 자유롭게 떠나는 장기 해외여행이라니 멋있다. 그는 여행지에서 어떠한 경험을 하게 될까. 어떠한 성찰을 하게 될까. 여행 후 그의 삶과 음악은 어떠한 변화를 맞이하게 될까. 이내 방향은 나에게로 향한다. 자연스레 미래를 꿈꿔본다. 언젠가 내 삶에서도 저런 멋진 프로젝트를 펼쳐보면 좋을 것도 같다. 부러워하는 나에게 친구는 말했다. "돈이 있어야 가능한 거야." 아~ 내 친구의 지극히 현실적인 발언. 하지만 맞는 말이다. 아무리 세상이 좋아지고 해외여행이 흔해졌다고 한들 아직 많은 이에겐 가벼운 해외여행조차도 사치가 된다. 큰맘 먹고 시간 내고 돈을 내어야 할 목표가 된다. 또 다른 누군가에게는 엄두조차 내지 못할 꿈같은 일이다. 해외여행뿐일까. 아이들이 쑥쑥 자라나며 여기저기 새어나가는 듯한 가계 재정은 국내 여행조차도 사치로 여겨지게 한다. 이러한 현실 속에서 여행의 즐거움만 좇다가는 금전적인 압박감이 나를 곧 짓누를 것이다. 이것은 일상의 회복이 아닌 일상을 더욱 망치고 불안하게 하는 요인이 될지도 모른다. 그래서 여행은 많은 준비와 계획과 용기가 필요한 거다. 어쩌면 쉽게 얻어지는 것이 아니기에 여행의 가치가 더욱 높아지는 건 아닐까. 그런데 의외로 내가 생각하지 못한 이곳에도 여행의 묘미가 숨어 있었다.

그 날은 어딘가로 떠나고 싶었다. 하지만 아이들의 하원 시간에 맞춰 귀가해야 하는지라 멀리 갈 수도 없는 노릇이었다. 일단 집을 나섰다. 목적지는 도서관이다. 차를 타지 않고 걸어보기로 결심했다. 아직 개발이 안 된 우리 집 뒷길을 걷는다. 한쪽은 차가 달리고 다른 한쪽은 자연이 펼쳐져 있다. 걷다가 꽃을 들여다본다. '이곳에 이런 꽃이 있었구나~.' 새롭게 느껴본다. 느릿느릿 열심히 기어가는 공벌레를 툭 건들어본다. 금세 동그랗게 변신하는 모습이 재미있다. 공벌레로 장난을 치던 어린 시절의 추억도 새록새록하다. '이 골목으로 가면 어디가 나올까?' 아는 길을 뒤로하고 무작정 발길을 옮겨본다. '길이 없으면 다시 나오면 되고, 이 길이 맞으면 새로운 길을 찾게 되는 거지'라고 생각하면서 여유와 배짱도 부려본다. 골목골목 동네의 모습이 낯설다. 아무래도 길을 잘못 들어섰나 보다. 결국은 동네를 빙~ 돌아 더 많은 시간이 걸렸다. 다리는 아프고 몸은 살짝 고되었다. 잠깐 편의점에 들러 2천 원짜리 달달이 커피로 당 충전을 한다. 빠름을 내려놓고 천천히 걸었을 뿐인데 평소에는 놓쳤을 작은 것들이 내 시야 안으로 새롭게 들어왔다. 이것은 나에게 새로운 자극을 주었다. 마음이 가는 대로 자유롭게 발길을 옮기며 여행과 같은 즐거움도 느낄 수 있었다.

나는 작은 걷기 여행 속에서 일상을 전환할 수가 있었다. 소소한 즐거움을 얻으며 전환이 되었고, 집 떠나 고생하며 집으로 회귀하고 싶은 본능을 느끼면서 전환되었다. 이것은 다시 일상을 살아갈 힘이 되었다. 속도를 줄이고 주변을 살피면 새롭게 탐색할 것은 무궁무진하다. 이것은 많은 비용과 변화도 필요로 하지 않는다. 천천히 걷기와 잠깐의 멈춤을 통해 우리는 가성비 좋은 여행의 묘미를 만날 수가 있다.

 일상 속 걷기 여행, 이것만 기억하자!

1. 시간 제약이 적을 때 누리기 좋다.
2. 이 순간만큼은 어떠한 의무감이나 역할을 내려놓는다.
3. 전투적으로 걸을 필요는 없다. 주변을 탐색하며 천천히 가보자. 중요한 것은 일상에서의 일탈이며, 잠깐이라도 전환을 하는 것이다.
4. 아이들과 함께 걸을 때는 안전한 길을 선택한다. 다른 위험에 대한 신경을 줄일 수 있다.
5. 멀리 갈 필요 없다. 집 근처 가까운 곳부터 시작하자.

칭찬 일기와 감사 일기는
더욱 특별한 의미를 준다

이 녀석들, 밥을 먹다가 딴청이다. 둘이 킥킥거리며 장난까지 친다. 처음엔 너그러운 마음으로 지켜본다. 웃으면서 설득도 해본다. 아이들은 자리에서 일어나더니 돌아다니기 시작하며 활동 범위가 넓어진다. 빨리 밥을 먹고 치워야 내가 다른 할 일을 할 텐데……. 점점 화가 치민다. 화가 머리 꼭대기로 올라가기 직전이다. 까딱 잘못하다가는 불같은 화가 폭발할지도 모른다. 심호흡을 하고 무거운 목소리로 말했다.

"시계 긴 바늘이 10에 갈 때까지야. 그때까지도 그대로면 그 사람 밥은 버릴 거야. 밥 먹기 싫으면 안 먹어도 돼."

아이들에게 통보하고 방으로 들어와버렸다. 그 순간에 발견할 수 있는 칭찬거리와 감사거리를 찾았다. 칭찬 일기와 감사 일기를 통해 긍정적인 방향으로 초점을 맞추면서 상황에서 빠져나오기 위해 노력했다. 부글부글 끓던 화가 자연스럽게 전환이 되었다. 덕분에 정신을 차리고 아이들을 다시 만났다.

정확히 언제였을까? 둘째를 낳기 전으로 기억한다. 그때부터 팍팍한 육아 일상을 감사 일기로 마무리했다. 처음에는 모 인터넷 카페의 도움을 받아 시작하였다. 혼자서 틈틈이 휴대폰에 남기기도 하고, 수첩에 적기도 했다. 반복되는 일상 속에서 해소할 통로가 필요했던 나에게 감사 일기는 위안과 전환이 되었다. 이것은 칭찬 일기로까지 확장되었다. 지금은 블로그에 이따금 '칭감세끼'라는 이름으로 칭찬 일기와 감사 일기를 남긴다. '칭감세끼'라는 이름은 매일 꾸준히 삼시 세끼를 챙겨 먹는 것처럼 칭찬과 감사를 습관 들이고 싶은 나의 바람과 각오를 의미하는 말이다. 찾아보니 블로그에 칭찬 일기나 감사 일기를 남기는 사람이 많이 있었다. 그만큼 칭찬 일기와 감사 일기가 일상에서 긍정적인 전환을 돕는 유용하고 간편한 도구라는 이야기 아닐까. 블로그에 남기는 것은 좋은 효과가 있었다. 처음에는 내 일상이 만천하에 공개되는 것 같아 두려웠지만 함께 나눌 이웃이 하나둘 생겨났다는 사실에 힘이 났다. 누군가는 나의 '칭감세끼'를 보면서 좋은 에너지를 얻고, 전환을 하는 계기가 된다고 한다. 이웃이 된 다른 이의 칭찬 일기와 감사 일기는 나에게도 긍정적인 자극을 준다. 덕분에 탄력을 받아 전진할 수가 있다. 이제는 굳이 적지 않아도 문득문득 떠오르는 칭찬과 감사가 내 일상에서 함께한다. 오랜 연습은 나를 이렇게 변화시켰다.

잠깐이면 된다. 모든 것을 멈추고 칭찬할 것과 감사할 것들을 찾다 보면 긍정적인 전환이 이루어진다. 무료하게 흘러가는 듯한 하루하루에 의미가 더해져 더욱 특별하게 느껴진다. 평범한 육아 일상을 더욱 빛나게 만들어준다.

칭찬 일기로 엄마를 발견하고 자존감을 높이자

"각자 자신을 칭찬할 일 세 가지만 발표해 볼게요. 일단 세 가지를 생각해서 적어보세요."

EFT 코리아의 연습 모임 날. 모임을 진행하는 선생님이 하신 말씀이다. 한 번도 누군가의 앞에서 대놓고 나를 칭찬해 본 적은 없었다. 겸손이 미덕인 우리나라 아닌가. 칭찬을 받아도 자신을 더 낮추는 것이 아름다운 모습 아닌가. 그런데 스스로를 칭찬해 보라고? 나를? 나에게 칭찬할 게 뭐가 있는데? 정말 난감했다. 한 가지조차 쓰기가 어려워 고민을 했다. 시간에 쫓겨 세 가지의 칭찬거리를 겨우 찾았다. 조심스럽게 앞으로 나갔다.

"저는 요즘 새벽에 일어나 책을 읽고 있어요. 이걸 칭찬하고 싶어요. 그리고 열심히 아이들을 돌보고 있는 것을 칭찬하고 싶습니다. 마지막으로 이 모임에 나와서 연습하고 더 건강해지려고 노력하는 저를 칭찬합니다."

가슴은 두근두근, 얼굴은 부끄부끄. 자신감 없이 발표를 마쳤다. 나의 발표를 듣고 난 뒤 다른 이들은 약속한 대로 격한 박수를 보내주었다. 그 박수 소리를 들으니 내 몸에 찌릿한 전율이 흘렀다. '이 정도면 나 괜찮은 사람 아닐까?'라는 생각의 전환이 일어났다. 별거 아니라고 생각했던 일들이 내가 발견하고 칭찬해 주니 특별한 일이 되었다. 그 일을 해낸 나는 더욱 특별해질 수 있었다.

누구나 인정받고 싶은 욕구를 가지고 있다. 그러나 삶을 살아가면서 인정받고 싶은 욕구를 제대로 충족하기는 쉽지가 않다. 일본의 정신 건강 의학 전문의 와다 히데키는 현대 사회에서 서로 인정하고 격려하는 인간관계가 점점 사라지는 원인 중 하나를 '성과주의'라고 말한다. 성과에 집중하는 분위기와 태도가 누군가를 인정하고 칭찬하는 여유를 사라지게 한다는 것이다. 그는 다른 사람에게 인정받고 칭찬받고 싶은 기본적인 욕구가 충족되지 않으면 심리적으로 불안정하게 된다고 설명한다. 그런데 엄마가 되면 더욱 취약한 조건에 놓인다. 많은 것이 당연한 의무가 되고, 많은 부분을 엄마의 탓으로 돌려받는 위치에 처하게 된다. 이것이 반복되면 심리적으로 불안정해질 뿐 아니라 자존감은 점점 낮아지게 된다. 칭찬은 고래도 춤추게 한다는데 엄마에게도 팍팍한 육아 속에서 춤추게 할 칭찬이 필요하다. 그 칭찬을 통해 인정의 욕구를 채우고, 활력을 일으키는 것이 필요하다. 그런데 칭찬을 매번 누군가에게 요구할 수는 없는 노릇이다. 다른 이에게 칭찬을 기대했다가 오히려 좌절하고 더 힘들어질지도 모른다. 상대의 칭찬과 코드가 맞지 않아 짜증이 솟구칠지도 모른다. 우리의 뇌는 칭찬을 들었을 때 기쁨과 행복을 느끼는 영역이 자극을 받는다고 한다. 또한 다른 이가 전하는 칭찬뿐 아니라 스스로를 칭찬하는 언어에도 반응한다니 굳이 다른 이의 칭찬을 기다릴 필요는 없다. 먼저 자신을 칭찬하면서 스스로를 지지하고 인정해 주면 된다.

아이에게도 칭찬이 필요하다. 칭찬을 통해 아이는 자신의 존재 및 행동을 인정받고 있다고 느낀다. 이로써 자신감을 상승시키고 생활에 활력을 줄 수가 있다. 이처럼 칭찬은 엄마와 아이 모두에게 긍정적인 영향을 준다. 그러나 아이는 아직 엄마에게 많은 것을 의지하는 실정이다. 따라서 엄마가 먼저 자신을 칭찬하는 것을 연습하면서 에너지를 키워나가는 것이 필요하다. 엄마가 키워나간 칭찬의 긍정적인 에너지는 자연스레 아이에게 향하며, 아이를 칭찬하는 일에도 익숙해지게 된다. 시작은 쉽지 않을 수 있다. 그러나 연습은 그것을 익숙하게 해주고 자연스럽게 해준다. 특별한 행동이나 대단한 것을 찾으려고 하지 말자. 사소한 것 하나라도 바라볼 수 있다면 그것은 칭찬거리가 된다. 한 가지 염두에 둘 것은 타인과 비교를 통한 칭찬은 삼가자. 자신을 바라본 채, 자신에게 기준을 두고 스스로를 칭찬하는 태도가 중요하다. 누가 뭐라 해도 엄마는 칭찬받아 마땅한 존재다. 그러니 오늘부터 자신을 칭찬하자. 기꺼이 칭찬하자.

칭찬 일기를 써보자. 방법은 간단하다.

① 구체적인 칭찬거리를 찾는다. 앞에서 이야기했듯이 별거 아니라고 느껴지는 그 모든 것이 칭찬거리가 될 수 있다. 대신 그것을 구체적인 언어로 작성하는 것이다.

② 왜 그것을 칭찬하고 싶은지 이유를 적어본다.

㉠ 청소를 해서 집이 깨끗해졌습니다. 청소를 하기 싫었는데 소중한 에너지를 써가며 청소한 나를 칭찬합니다.

여기까지는 간단한 기본 방법이다. 이것만 꾸준히 연습해도 아주 훌륭하다. 여기에서 방법을 더 확대해 볼 수가 있다. 내가 칭찬하는 나의 행동과 모습이 나 자신에게 어떠한 긍정적인 영향을 미치는지, 아이나 주변 사람들, 환경에 어떠한 긍정적인 영향을 미치는지를 적어보자. 나로부터 긍정적인 영향력이 확대된다는 느낌은 엄마의 자존감을 더욱 높여준다. 이것은 기본적인 칭찬 일기가 익숙해졌을 때 추가로 연습해 보자.

㉠ 청소를 해서 집이 깨끗해졌습니다. 청소를 하기 싫었는데 소중한 에너지를 써가며 청소한 나를 칭찬합니다.

㉠ (긍정적인 영향력을 추가할 경우) 내가 청소를 함으로써 나 자신과 내

가족에게 깨끗한 환경을 제공할 수 있습니다. 소중한 내 집이 더욱 가치 있어 보입니다. 역시 난 대단한 사람입니다.

감사 일기로 일상을 발견하고 긍정의 힘을 적립하자

"외할아버지께서 건강이 많이 안 좋아지셨다네."

남편의 말에 마음의 준비를 하고 있었다. 그런데 결국은 부고 소식이 전해졌다. 남편은 급하게 휴가를 냈고, 나는 짐을 싸고 아이들을 챙겼다. 먼 길을 달려 장례식장에 도착했다. 그곳은 벌써 눈물이 정리되고 조문객 맞이 현실이 한창이었다. 남편은 사회생활로 인해 간간이 장례식장을 다니곤 한다. 그러나 나는 출산 이후에 처음으로 가게 된 장례식장이었다. 그것도 아이들과 함께 말이다. 아이를 출산하고 기르면서 탄생, 성장, 생명력을 지켜볼 수 있었다. 그러나 장례식장의 모습은 죽음, 소멸, 이별과 같은 정반대의 현장을 지켜보게 했다. 참 허탈했다. 사후 세계가 있는지 없는지, 죽음 이후에 무엇이 있는지는 내가 경험한 게 없으니 정확히 알지는 못하겠다. 확실한 것은 우리는 언젠가는 죽는다는 것이다. 내가 사랑하는 사람들도, 내가 있는 이곳도 죽음으로 끝난다는 것이다. 이렇게 생각하니 지금의 이곳이 더욱 소중해졌다. 어떠한 조건을 달지 않아도 함께 살아있음에 감사했다.

그리고 보면 우리 주변에는 감사할 게 참 많다. 그러나 우리는 익숙하다는 이유로, 당연하다는 생각으로 감사한 부분들을 놓치면서 살아간다. 내 아이들의 존재, 건강하게 함께하는 내 남편, 매일 먹는 밥, 나를 보호해 주는 집 등 많은 것을 누리면서도 바쁜 일상에 치우치다 보면 제대로 돌아볼 여유조차 없는 것도 사실이다. 가만히 생각해 보면 세상에 당연한 것은 없다. 지금 나에게 주어진 모든 것은 당연한 결과가 아닌 감사한 부분인 것이다. 그런데 감사 일기를 쓰다 보니 주위를 둘러볼 여유가 생겼다. 미처 인식하지 못했던 나와 주변의 모든 것이 시야 안으로 들어왔다. 그것을 보고 느끼면서 잠시 함께 머물러 있을 수 있었고, 힘겨운 일상에서 잠깐 멈추고 찾아낸 감사는 나의 사고를 긍정적인 방향으로 전환하게 도와주었다.

KBS 프로그램 〈생로병사의 비밀〉을 통해서도 감사의 긍정적인 효과를 확인할 수가 있었다. '행복의 비밀, 감사'라는 소제목으로 방영된 방송에서는 가족관계에 어려움을 겪는 5명의 지원자를 모집하였다. 이들은 집단 프로그램 기간 동안 매일 감사한 점을 기록하고, 표현하는 등 작은 것에도 고마워하는 감사 연습을 하였다. 그 결과 가족과의 긍정적인 의사 소통이 증가하고, 우울감과 스트레스 지수가 낮아지는 긍정적인 변화가 나타났다. 방송에서는 감사하는 마음을 가지면 도파민, 세르토닌, 엔도르핀과 같은 행복 호르몬 생성이 증진된다고 했다. 또 감사 에너지는 파동으로 전달이 된다고 하는데 감사의 파동은 다른 진동과 일치되거나 조화를 이루는 반응에 의해 또 다른 감사를 불러오고 이로 인해 더욱 행복해질 수가 있다고 한다.

이렇게 우리의 삶에 긍정적인 영향을 미치고 행복까지 가져다주는 감사를 굳이 멀리할 필요가 있을까. 잠깐이면 된다. 하루를 살아가다가 잠깐의 시간을 내고 자신과 주변을 둘러보면 된다. 그 시간들이 켜켜이 쌓이면 조금씩 스며들 듯이 긍정적인 변화를 만들어갈 수가 있다.

감사 일기를 쓰는 방법은 칭찬 일기와 비슷하다.

① 구체적인 감사거리를 찾는다. 감사 일기 또한 일상의 사소한 모든 것이 대상이 될 수 있다. 그것을 구체적인 언어로 작성하는 것이다.

② 감사의 이유를 생각하고 적는다.

㉑ 나를 위해 열심히 돌아가는 선풍기 덕분에 시원할 수 있어 감사합니다.

㉑ 아이들 방학으로 인해 정신없는 일상을 보내고 있지만 무사히 지나가는 하루하루에 감사합니다.

㉑ 스마트폰 덕분에 매일 좋아하는 음악을 손쉽게 들을 수 있고 원하는 정보를 빨리 찾을 수 있는 등 편리한 생활을 누리게 된 점에 감사합니다.

칭찬 일기와 감사 일기를 재미있게 쓰는 팁

1. 어디에 써야 할까? 방법은 한정되어 있지 않다. 자신에게 가장 잘 맞는 방법을 찾아보자.

   -스마트폰: 우리와 가장 많은 시간 함께하는 기기이기에 생각이 날 때 언제든 활용이 가능하다. 스마트폰의 메모 기능이나 감사 일기 앱을 활용해보자.

   -손글씨: 예쁜 노트를 구입하거나 다이어리에 정성껏 쓰는 것도 좋다. 색깔 펜, 색연필, 스티커 등을 활용한다면 칭찬 일기와 감사 일기를 쓰는 시간이 더욱 즐거울 것이다.

   -SNS: 다른 이들과 함께 소통하며 이어갈 수 있다. 이것은 동기 부여를 주고 더 꾸준한 연습으로 이끌어준다.

2. 목표를 만들고 보상을 하자. 이 또한 반복되는 연습을 이어가다 보면 작심삼일로 그치는 경우가 많다. 그러나 목표에 대한 성취와 보상의 재미를 함께 느끼면 꾸준한 연습을 이어가기가 쉬워진다. 예를 들어 '100일 목표 달성'이나 '50개 리스트 작성' 등의 목표를 스스로 만들어보자. 목표를 달성한 후에는 크고 작은 보상을 하자. 각자의 상황에 맞게 작은 목표와 보상부터 시작하면 된다.

3. 꾸준한 연습 중에 자신의 긍정적인 변화를 발견해 보자. 칭찬 일기와 감사 일기는 꾸준한 연습을 통해 마음의 힘을 길러주는 방법이다. 한 템포 멈춰 서서 긍정적인 변화를 확인할 수 있다면 자신의 변화에 확신이 생겨 지속적인 연습을 만들어가는 데 도움이 된다.

CHAPTER 6

—

균형

균형을 맞추면 우리는 윈-윈 한다

엄마는 아이의 성장에 따라 적절한 경계와 거리를
세워나갈 필요가 있다. 서로를 위해
너무 멀지도 너무 가깝지도 않은 거리를 찾기 위해 노력해야 한다.

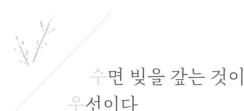

수면 빛을 갚는 것이 우선이다

　　"아~앙~~"

　둘째 아이가 갑자기 울음을 터뜨렸다. 자다 깬 나는 아이의 울음을 달랠 방법을 총동원했다. 어디가 아픈가? 열은 없었다. 성장통인가? 온몸을 주물러줬지만 아무 소용이 없었다. 작게 시작한 울음은 곧 이어 더 크게 번졌다. 의사 표현을 할 만큼 제법 큰 아이는 울면서 거실을 가리켰다. 자기를 데리고 거실로 가란다. '이 밤중에 무슨 거실?' 짜증이 올라왔지만 어쩔 수 없었다. 고분고분 말을 들어서라도 울음을 멈추게 해야 했다. 뱅글뱅글……. 아이를 안고 거실을 계속 맴돌았다. 모두가 자고 있는 고요한 밤이지만 나에게는 결코 고요하지 않은 투쟁과 버팀의 시간이었다.

　낮에는 잘 노는 순둥이였다. 그러나 밤만 되면 이 순둥이는 무섭게 돌변했다. 매일 밤마다 악을 쓰고 우는데 두 돌이 될 때까지 이어졌다. 두 돌이 지나자 우는 간격이 서서히 벌어졌지만 아이의 울음은 오랜 시간 나의 밤잠을 설치게 했다. 어디 울음뿐이랴. 밤마다 기저귀와의 전쟁, 아이들의 뒤척임은 그 후로도 쭉 나를 잠 못 이루게 만들었다.

엄마의 수면은 아이를 키우면서 침해당하고, 아이를 키우면서 바뀐다. 받지 못한 빚처럼 찜찜하고, 이루고픈 소망처럼 남아 있다. 여성은 남성보다 수면 문제를 겪을 위험이 더 높다고 한다. 〈60초 숙면 프로그램 진짜 잘 자는 법〉을 보면 이를 확인할 수가 있다. 구체적인 이유를 살펴보면, 우선 출산은 여성의 수면 패턴을 변화시키고 깊은 잠을 잘 수 없게 만드는 중요한 요인이다. 더불어 여성은 직장 생활과 육아, 가사 등으로 인해 몸이 지칠 정도로 신체 활동을 많이 한다. 여기에 가족을 돌봐야 한다는 책임감과 함께 많은 스트레스를 경험하고 있다. 이것은 수면을 방해하는 큰 요인이 된다. 또한 월경 주기와 폐경에 따른 호르몬 변화도 수면을 방해하는 요인으로 작용한다. 곧 여성은 생물학적으로 타고난 조건과 사회 환경적인 조건들이 결합되어 수면에 취약할 수밖에 없는 위치에 있다고 볼 수 있다. 하지만 이를 계속 방치하면 위험해진다.

〈우울할 땐 뇌과학〉의 저자 앨릭스 코브는 잠을 잘 못 자면 우울증을 일으키고 유지하는 가장 큰 요인이 되면서, 우울증의 가장 흔한 증상이라고 말했다. 우울증뿐만 아니다. 잠을 자지 못하면 기분이 처지고 통증에 대한 감수성이 높아지며 학습과 기억에 어려움이 생긴다. 집중력이 떨어지고 더욱 충동적이게 된다. 신체적으로는 혈압이 상승하고 스트레스가 심해지며 면역계가 해를 입는다. 체중이 늘기도 한다. "잠이 보약이다"라는 말이 괜한 말이 아니었다. 그러므로 무엇보다도 먼저 엄마의 수면 빚을 갚는 것이 필요하다. 더 이상 방치하지 말고 차곡차곡 쌓여 찝찝하게 남아 있는 수면 문제를 풀어야 한다. 그렇다면 과연 엄마의 수면 문제를 해결하기 위해서는 어떻게 해야 할까. 그것은 바로 낮잠을 이용하는 것이다.

나는 한때 낮잠 자는 것을 시간 낭비로 여겼다. 나의 가치관 때문인지 피곤에 지쳐 낮잠을 잔 뒤에는 오히려 짜증이 솟구쳤다. 그러나 아이를 키우는 일은 달랐다. 항상 피곤했고 잠이 필요했다. 그래서 생각을 바꾸기로 했다. '이왕 자는 거 기분 좋게 자보자!' 알람을 맞추고 20분으로 시간을 조절했다. 이렇게 낮잠을 자고 나니 정신이 맑아지고 몸이 가벼워짐을 느꼈다. 낮잠은 부족한 수면으로 인해 깨어진 신체 리듬을 회복하도록 돕는다. 이것은 적절한 휴식 속에서 잠시 쉬어가는 통로로 일상을 정비하는 수단이 되고, 스트레스를 이겨내는 힘이 되어준다. 여기저기에서 낮잠 카페가 생겨나는 현상은 낮잠의 긍정적인 효과를 방증하는 것 아닐까. 수면 빚이 잔뜩 쌓여 피곤한 엄마라면 모두 내려놓고 잠깐의 낮잠을 먼저 즐겨보자. 그렇다고 낮잠 시간이

길 필요는 없다. 긴 낮잠은 오히려 밤잠을 해치기 때문이다. 낮잠은 엄마의 부족한 밤잠을 대체하는 수단일 뿐이다. 수면 전문가 니시노 세이지는 20분 정도의 낮잠이면 적당하다고 말했다. 그러나 사람마다 차이가 있으므로 자신만의 적절한 낮잠 시간을 찾아보자. 낮잠은 엄마의 몸과 마음의 균형을 맞춰준다. 일상의 균형도 찾을 수 있게 도와준다.

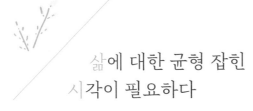

삶에 대한 균형 잡힌
시각이 필요하다

"엄마야!"

뉴스를 보다가 남편에게 부리나케 달려갔다. 욕실 문을 활짝 열고
호들갑을 떨었다.

"방금 뉴스에서 어떤 농부를 인터뷰했거든. 그런데 나 대학 다닐 때
같은 과 동기 오빠야. 직업이 농부래~. 진짜 신기하지?"

얼굴을 몇 번이나 들여다보고 이름을 확인했다. 그 오빠가 확실했
다. 나보다 나이는 많았지만 같은 과에서 같은 과목을 공부하던 그였
다. 그런데 뉴스에서 인터뷰를 한다. 그것도 농사짓는 농부의 자격으
로 말이다. 참…… 사람 일은 알 수가 없다.

나는 대학에서 화학공학을 전공했다. 그러나 나의 선택은 과감하
게 전공을 버리는 것이었다. 전혀 다른 분야인 사회 복지로 전향해 대

학원에 진학하였다. 졸업 후에는 사회복지사로서 잠깐의 사회 경험을 했다. 하지만 지금은 이 모든 과거를 뒤로하고 전업주부로 살아가고 있다. 나는 다시 공부를 한다. 이제 나의 관심은 사람이고 치유다. 그리고 글을 쓴다. 내가 이렇게 공부를 좋아하게 될 줄 누가 알았을까. 글쓰기를 사랑하게 될 줄 누가 알았을까. 어쩌면 이것이 인생의 묘미인지도 모르겠다. 한 치 앞을 알 수 없는 삶. 그래서 불안하고 당혹스럽고 아프지만 그렇기에 흥미진진하고 재미있는 삶이다. 우연과 우연이 만나 필연이 되고, 알 수 없는 연결 고리 속에서 만나는 계기와 나의 선택을 통해 지금의 내가 여기에 있으니 말이다. 엄마가 되고 난 뒤에는 예측 불가능한 삶의 속성을 더욱 절실하게 실감하고 있다. 아이를 안고 가는 삶이란 엄마에게 더 많은 변수와 복잡 미묘한 삶의 과정을 마주하게 한다.

'이게 뭐지?'

아이의 아랫배가 볼록 튀어나와 있었다. 찝찝하고 예감이 좋지 않았다. 병원을 찾았다. 서혜부 탈장이 의심된다는 소견. 급하게 대형 병원으로 이동했다. 역시나 맞았다. 이 아이를 임신한 사실을 확인했을 때 포상 기태가 의심된다고 했다. 포상 기태란 임신 과정 중에 세포가 비정상적으로 증식하는 질환이다. 무서운 것은 이게 암으로 발전할 가능성이 있다는 것이다. 난생처음으로 암센터 환자가 되어 몇 주간의 검사를 거치며 포상 기태 여부를 확인해야 했다. 결과는 정상 임신이었다. 이렇게 두렵고 험난한 여정을 지나 나에게로 온 녀석이다. 그런데 이번에는 탈장이란다. 그것도 전신 마취를 통해 수술을 해야 한단다. 뭐 하나 쉽지가 않았다. 엄마를 들었다 놓았다 하는 이 녀석은 정말 밀당의 달인인 듯하다. 더구나 백일을 앞두고 있는 어린아이가 전신 마취를 해야 한다니……. 갑자기 닥친 두려운 상황 앞에서 심리적인 압박감이 나를 짓눌렀다. 참 알 수가 없다. 내 앞에 어떤 일이 벌어질지, 육아는 정말 알 수가 없다.

어느덧 나의 육아 경력은 햇수로 10년째가 되었다. 그동안 아이는 두 명이 되었고, 반복되는 산들을 하나씩 넘어왔다. 그러나 이만큼의 경력에도 불구하고 아직도 육아가 쉽지는 않다. 육아는 매번 새로운 난관을 갱신하고 나의 문제 해결 능력을 시험하는 듯하다. 더구나 남편이라는 또 다른 존재와 엮인 채로 살아가고 있으며, 여기에 아이라는 존재가 살고자 들어왔으니 쉽지 않은 것은 어쩌면 당연한 현실인지도 모르겠다. 어디 이뿐일까. 세상은 점점 더 긴밀하게 연결되어 돌아간다. 이제 세계는 경제, 정보, 문화, 인적 자원, 전염병까지도 교류하는 상황이다. 클릭 한 번이면 저 멀리 있는 누군가와도 소통이 가능하다. 이 안에서 벌어지는 육아는 과거보다 더 많은 것의 영향을 주고받으며 이루어진다. 그러니 앞으로의 여정 중에 어떠한 경험을 하게 될지는 더욱더 알 수가 없어졌다. 이러한 현실 속에서 아무 탈 없는 평탄한 길만을 바라는 것 자체가 무리일 수밖에 없다. 여전히 넘어지고 여전히 시행착오를 겪으며 살아갈 수밖에 없는 것이 우리 모두의 삶이자 엄마의 삶 아닐까. 그럼에도 불구하고 삶은 계속 흐른다. 어쩌면 이것이 자연의 섭리인지도 모르겠다. 모든 생명체는 생명을 얻고 지는 것을 반복한다. 한 해가 가면 다음 해가 온다. 봄, 여름, 가을, 겨울은 모양새를 달리하며 우리를 맞이한다. 자연은 이렇게 흐르면서 나름의 균형을 맞춘다. 우리의 삶도, 우리의 육아도 마찬가지다. 바닥을 치는 경험이 있다면 언젠가는 그 바닥에서 올라갈 것이며, 환희의 순간이 있다면 이 또한 영원하지는 않다. 우리 모두는 각자에게 주어진 경험 속에서 인생의 다양한 맛을 느끼며 살아가게 된다.

독일의 심리학자 롤프 젤린은 이렇게 말했다.

"고통과 괴로움이 없는 무탈한 삶만을 기대하는 부모는 자신의 아이가 갑자기 고통에 직면하고 이로 인해 감정적 동요를 겪게 되면 무척 당혹스러워한다."

어차피 삶은 고통이 반복될 수밖에 없다. 산다는 것 차제가 계속되는 넘어짐과 아픔을 딛고 일어서는 과정인데 육아라고 별수 있을까. 아이의 삶이라고 별수 있을까. 모든 고통과 괴로움을 막을 수 없다면 차라리 고통을 받아들이고 그것을 마주하는 방법을 터득해 가는 것이 더 낫다. 고통을 계기로 해결 방법을 찾고 극복해 나가다 보면 그 고통은 오히려 또 다른 고통에 대한 면역이 되고, 삶의 노하우를 준다. 이를 위해서는 먼저 삶을 조망하는 큰 시각과 유연한 태도를 장착하는 것이 필요하다. 이러한 태도 속에서 삶에 대한 다양한 측면을 바라볼 수 있으며, 이것을 바탕으로 삶의 풍파를 견디고 변화에 적응해 가면서 대안을 모색해 나갈 수 있다. 이것은 엄마 자신의 삶을 헤쳐 나가는 지혜와 용기를 준다. 아이의 삶을 바라보는 시각에도 여유를 가져다준다. 삶은 고통이다. 하지만 기쁨과 행복이기도 하다. 고통 속에서도 또 다른 기쁨과 희망의 빛이 있기에 위안을 삼으며 다시 뚜벅뚜벅 걸어갈 수 있다. 기쁨의 순간이 왔을 땐 이 또한 영원하지 않기에 그저 감사하며, 겸손하게 살아갈 수 있다. 그러기에 삶은 다시 용기 내서 살아볼 만한 여정이다.

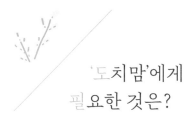

'도치맘'에게
필요한 것은?

'쿨렁~ 뽈록~ 툭툭툭툭.'

배 속의 아이가 제법 크니 움직임도 꽤나 커졌다. 나와 신체를 공유하는 아이는 나만이 느끼는 은밀한 교류를 통해 자신의 존재를 확인시킨다. 점점 세상에 나올 날이 가까워지자 더욱더 활발하게 자신의 존재를 표현해 갔다. 아이는 배 속에서부터 참 많은 것을 나와 함께했다. 나의 몸, 나의 감정, 내가 먹는 것, 내가 듣는 소리까지. 그리고 지금은 아이가 내 몸에서 분리되어 자라고 있지만 우리는 여전히 많은 것을 함께한다. 서로의 희로애락을 나누고 끈끈한 정을 만들어간다. 그래서 엄마는 점점 '도치맘'이 되는 건지도 모르겠다. '도치맘'이란 "고슴도치도 제 새끼는 예쁘다"는 표현에서 유래된 말이다. 뾰족뾰족 가시가 있는 고슴도치도 자기 새끼의 털은 부드럽고 예뻐 보이는 것처럼 아이를 사랑스럽게 바라보는 엄마의 마음을 표현하는 말이다. 그런데 이런 고슴도치도 딜레마에 빠진다. 추위를 달래기 위해 너무 가까워지면 서로의 가시에 찔려 상처를 입는다. 너무 멀어지면 다시 추워져 서로를 찾게 된다. 고슴도치는 멀어지고 가까워지기를 반복하면서 서로가 상처입지 않을 적절한 거리와 방법을 찾아간다. 이것이 쇼펜하우어가 말한 '고슴도치 딜레마'이다.

영화 〈4등〉. 그 안에는 한 명의 엄마가 있다. 그녀는 수영을 하는 아들의 뒷바라지에 여념이 없다. 그러나 시합만 나가면 늘 4등을 하는 아들이 못마땅하다. 그녀의 목표는 아들을 최고의 선수로 만드는 것이다. 두 팔 걷어붙이고 모든 것을 해주고 싶다. 그런데 아들이 수영을 그만두겠다고 선포하고, 그녀는 모든 의욕을 잃고 만다. 이내 관심을 둘째에게 돌린다. 둘째 아들의 일거수일투족을 확인하고 감시하려 든다. 그녀의 삶에는 자기 자신이 없었다. 아이들에게만 관심을 몰두한 채 아이들의 삶을 자신의 것으로 만들어 살아가고 있을 뿐이었다.

어디 이게 그녀만의 문제일까. 모양새와 정도는 달라도 대부분의 엄마는 아이와 모호한 경계를 가지고 살아갈 수밖에 없다. 함께한 시간과 심리적 밀착감은 엄마와 아이를 강력한 끈으로 연결시켜준다. 이 끈으로 엮인 미묘한 경계는 엄마의 생각과 감정, 아이의 생각과 감정이 뒤섞여 판단을 흐리게 만든다. 그러나 이 모호한 경계는 엄마와 아이의 삶을 건강하지 않은 방향으로 데리고 갈 수밖에 없다. 그러므로 엄마는 스스로를 멈춰 세우고 자신을 돌아보는 것이 필요하다.

여기, 또 한 명의 엄마가 있다. 〈나는 내가 좋은 엄마인 줄 알았습니다〉의 저자 앤절린 밀러는 자신을 '인에이블러'라고 고백한다. '인에이블러'란 다른 이에게 지나친 도움을 주면서 상대로 하여금 자신을 의존하도록 만드는 사람을 말한다. 이들은 헌신과 배려라는 모습으로 자기의 행동을 아름답게 포장한다. 정작 자신의 낮은 자존감이 상대방을 놓지 못하고 서로의 독립을 방해한다는 것을 인지하지 못한 채로 말이다. 하지만 그녀는 자신을 돌아보았다. 그리고 깨달았다. 자신의 행동이 절대 건강하지 않다는 것을, 자기가 옳다고 생각했던 헌신과 배려가 오히려 아이의 많은 기회를 막고 있었다는 것을 발견하고 뉘우쳤다. 그것을 바탕으로 자신의 변화를 위해 노력했다. 엄마의 헌신은 아이를 위한 사랑이라고 포장하기 쉽다. 이를 통해 엄마의 삶을 아름답게 미화한다. 그러나 자신의 행동이 아이를 위한 적절한 개입인지, 엄마의 불안과 욕심에 의한 개입인지는 분명히 짚고 넘어갈 필요가 있다. 엄마와 아이, 두 사람 모두를 위해서 말이다.

언젠가 아이와 함께 롤러스케이트를 탔다. 내 손에 의지하며 롤러스케이트를 타던 아이는 얼마 지나지 않아 처음으로 혼자서 전진을 했다. 엉덩이를 쭉 빼고 엉거주춤 앞으로 가는 모습이 영 불안했다. 그래도 어쩔 수 없었다. 언젠가는 놓아야 할 손이다. 넘어지더라도 스스로 다시 일어서기를 반복해야 한다. 코너에 다다르자 아이는 나에게 도움을 요청했다. 나는 다시 손을 붙잡아주었다. 스스로 자유롭게 타기까지는 아직 나의 도움이 필요하다. 그때까지 나는 아이를 지켜보며 적절한 밀당으로 힘을 길러주어야 한다. 육아도 마찬가지 아닐까. 아직 엄마의 도움을 필요로 하는 아이. 하지만 언제까지나 엄마가 모든 것을 해줄 수는 없다. 현실적으로도 불가능한 일이다. 그러므로 조금씩 놓아주어야 한다. 비록 엄마의 눈엔 서툴러 보일지라도 하나씩 맡겨보는 용기가 필요하다. 어차피 아이는 자신의 삶에 대한 스스로의 몫이 있다. 삶의 지도와 계획을 만들어갈 의무와 책임도 있다. 더구나 점차 시대는 변화하고 있다. 이러한 변화에 발맞추어 아이는 엄마가 경험하지 못했던 새로운 것들을 배워갈 것이다. 먼 미래엔 엄마의 품을 떠나 더 큰 세계를 향해하게 될 것이다. 그리고 자신의 삶을 살아가게 될 것이다.

육아의 목표는 아이를 건강한 성인으로 자립시키는 것이다. 이 사회의 건강한 일원으로 키워내는 것이다. 엄마의 역할은 아이의 삶을 준비시키고 연습시키는 것이다. 따라서 엄마의 지나친 헌신은 도움이 되지 않는다. 아이가 사회의 일원이 되기 위한 연습을 방해하고 자신의 가능성을 확인하는 경험을 막기 때문이다. 그러므로 엄마는 아이의 성장에 따라 적절한 경계와 거리를 세워나갈 필요가 있다. 서로를 위해 너무 멀지도 너무 가깝지도 않은 거리를 찾아가려는 노력이 필요한 것이다.

그것이 현명한 '도치맘'의 자세이다.

타인과의 관계 속에서 거리를 둔다는 것은 서로의 다름을 인정하려는 자세를 말한다. 이는 상대를 내 방식대로 판단하지 않고 나와는 다른 생각을 가진 존재로 존중하는 것이며, 타인의 생각을 이해하려는 노력이다. 이것은 엄마와 아이의 관계에서도 마찬가지다.

곧 아이를 엄마의 소유가 아닌 독립적인 인격체로 바라보는 시각이며, 한편으로는 아이를 믿어보려는 연습이기도 하다. 역으로 엄마 자신 또한 독립된 인격체로 바라보는 시각을 말한다. 엄마와 아이 두 존재에 대한 존중과 인정을 의미한다. 이렇게 엄마와 아이를 독립된 존재로 떨어뜨려보는 시각은 그 사이에 작은 공간을 만들어준다. 그 공간 속에서 엄마 자신을 추스르고, 아이에 대한 생각과 감정을 조절할 수가 있다. 아이의 몫은 아이의 것으로, 엄마의 몫은 엄마의 것으로, 둘이 해야 할 몫은 함께하는 것으로 분리가 가능하다. 엄마와 아이가 적절한 거리감을 찾아갈 때 엄마의 부담도 덜어진다. 이것은 서로에게 맞는 균형감을 찾아가도록 도와준다. 그러므로 엄마는 의식적으로 자신을 멈춰 세우는 것이 필요하다. 아이의 성장에 따라 적절한 거리를 설정하고 이것을 조정하는 연습을 해나갈 필요가 있다.

엄마의 미래를 붙잡고
육아와 조율하자

"엄마, 있잖아~ 오늘 아빠랑 빵집에 가서 엄마 빵도 사 왔어. 엄마 빨리 와야 돼. 와서 빵 먹어~ 알았지?"

전화기 너머로 들리는 아이의 목소리에 미소가 절로 지어졌다. 육아를 하면서 이따금 원하는 강의를 듣기 위해 집을 나섰다. 평일에는 육아에 올인 하고 주말이면 한 번씩 새벽 버스에 몸을 싣고 강의장으로 향했다. 그 시간은 나에게 많은 것을 주었다. 육아에서 벗어날 기회를 주었고, 다른 것에 눈을 돌리며 미래를 꿈꾸게 했다. 몸은 고됐지만 마음은 행복했다. 즐거운 마음으로 공부를 마치고 집으로 향하는 길에는 아이에게 전화가 오곤 했다. 하루 종일 함께 있노라면 이 목소리가 마냥 반가울 리는 없다. 그러나 잠시 헤어졌던 아이의 목소리는 너무나 사랑스럽게 변해 있었다. 빨리 보고 싶은 충동마저도 느끼게 했다.

한때 내 마음 깊은 곳에는 커다란 구멍이 존재했다. 육아에 치우쳐 사는 생활은 과거의 나와 현재의 나를 모조리 지워버리는 듯했다. 내가 서 있는 육아 세상은 저 건너편의 사회와 빠른 속도의 괴리감을 만들었다.

이러한 현실은 열심히 배우고 경험했던 과거를 원점으로 돌려놓고, 다시 사회의 일원이 될 수 있을 거라는 자신감마저도 상실하게 했다. 그 느낌을 대체하기 위해 미래를 그려봤다. 구인 정보를 살피고 전공을 되살릴 방안도 모색했다. '과연 이 상황에서 일을 할 수나 있을까?' '아이들이 크고 난 뒤에라도 나를 받아줄 곳이 있을까?' 현실은 암담했다. 미래를 밝게 포장하려고 애써도 나는 그저 경력으로부터 단절되고, 세상으로부터 단절된 여성일 뿐이었다. '엄마'라는 이름을 생활 곳곳에서 마주하고 살아야 하는 그런 여성이었다. 아무리 고민해도 방법은 보이지 않았다. 그래서 차라리 배우기로 했다. 관심 분야부터 배워나가기로 결심했다.

엄마가 된 이상 남은 생을 쭉 엄마로 살아갈 수밖에 없다. 그렇다고 해서 아이의 꽁무니만 쫓아다니는 생활이 계속 이어지는 것은 아니다. 언젠간 아이는 엄마 품을 떠날 것이 분명하다. 이러한 사실을 인지하지 못한 채 아이만 바라보고 있으면 빈 둥지 증후군(자녀들이 독립하는 시기에 부모가 겪게 되는 상실감과 슬픔을 뜻하는 용어)은 엄마를 더욱 힘들게 할지도 모른다. 그래서 엄마에게는 자신의 미래에 대한 고민과 준비가 필요한 것이다. 사실 미래를 고민하고 준비하는 것은 이 사회의 구성원이라면 당연히 필요한 작업이기도 하다. 앞으로 우리가 살아갈 날들은 길어졌고, 세상은 더욱 빠르게 변화한다. 4차 산업혁명이라는 거대한 변화를 중심에 두고 직업 또한 다양한 양상을 보일 것이다. 이러한 새로운 변화에 적응하고 살아남기 위해서는 끊임없는 배움의 여정이 필요하다. 어쩌면 이제 배움은 미래를 향한 준비이자 생존과도 연결되는 숙명적인 작업이라고 볼 수 있다. 점점 중요한 성격을 가지는 배움은 육아하는 엄마들에게는 더욱 특별한 영향을 미친다.

첫째, 육아 스트레스를 조율해 준다.

엄마의 배움은 육아가 아닌 다른 것에 몰두하게 한다. 이것이 육아를 방해할 거라 오해하지 않기를 바란다. 무언가에 집중하게 되면 자신을 괴롭히는 잡생각이나 온갖 고민들로부터 벗어날 수가 있다. 그러므로 엄마의 배움은 그것에 몰두하면서 육아 스트레스로부터 빠져나와 거리를 둘 수 있게 도와준다. 이것은 한쪽으로 쏠린 관심이 아닌 적절한 균형을 찾아가는 길이기도 하다.

둘째, 다양한 인간관계를 경험하고 더 큰 사회와도 연결이 된다.

육아는 엄마의 인간관계와 사회 활동을 위축시킨다. 육아를 통해 이루어지는 새로운 인간관계도 육아의 연장선상이 되며, 이 또한 한정적인 관계에 머무른다. 그러나 무언가를 배우는 활동은 다양한 인간관계를 경험할 기회를 준다. 육아가 아닌 또 다른 사회를 만날 수 있게 도와주며 점차 더 큰 사회로까지 연결되는 가능성을 가져온다.

셋째, 성취감 속에서 자신감이 생긴다.

매일 하는 집안일은 팍팍하다. 육아를 하며 비슷한 패턴으로 생활하다 보면 무력감에 빠지기도 쉽다. 그러나 배움을 통해 일상으로부터 잠시 외도할 수 있다면 다시 만난 집안일은 새롭게 느껴진다. 배움 안에서 무언가를 알아가는 즐거움과 함께 성장해 가는 자신을 확인하는 것은 성취감을 맛보게 한다. 엄마의 성장을 도우며, 자신감 상승으로 이어지고 점차 배움의 시도를 확장해 가는 동기 부여도 된다.

넷째, 배움 속에서 꿈을 발견하고 미래를 그려볼 기회를 찾는다.

새로운 배움 속에서 흥미를 느끼면 미처 알지 못했던 꿈을 발견할 수가 있다. 꿈은 미래다. 엄마의 꿈은 자신의 미래를 새롭게 그려보게 한다. 이것은 삶의 초점을 더욱 명확하게 한다. 초점이 명확해진 삶은 외부의 자극에도 흔들리지 않으며, 방황하더라도 다시 중심을 잡기가 쉽다. 명확한 목표를 가지고 한 단계 한 단계 올라가는 여정은 엄마에게 새로운 직업까지도 만들어준다.

일단 시작해 보자. 그것이 무엇이든 괜찮다. 관심이 가는 것부터 배워보자. 배워서 남 주는 것은 절대 없다. 배움을 통해 엄마 자신을 찾

고 생활을 더욱 즐겁게 만들어간다면 아이에게 긍정적인 에너지까지
도 줄 수가 있다.

 유용한 교육 및 취업 정보를 알 수 있는 곳

먼저 가까운 공공 기관을 찾아보자. 공공 기관에서 제공하는 교육 기회를 활
용하면 비용 부담을 줄일 수 있으며, 교육뿐 아니라 취업까지도 연계되는 다
양한 활동을 찾을 수가 있다.

1. 행정복지센터의 문화 강좌
   -거주 지역의 행정복지센터를 찾아보자. 다양한 강좌를 저렴한 비용으로
   수강할 수 있다.

2. 여성인력개발센터(www.vocation.or.kr)
   -여성의 변화와 성장을 돕기 위해 사회·문화 교육과 직업 교육 훈련을 진
   행한다.
   -교육을 통해 취업까지 연계하는 서비스도 제공한다.

3. 여성새로일하기센터(saeil.mogef.go.kr)
   -육아·가사 등으로 경력이 단절된 여성을 대상으로 직업 교육, 직업 상
   담, 취업·창업 지원 등 유용한 서비스를 종합적으로 지원한다.

음악은 마음의 불균형을 맞춰준다

벚꽃이 한창 피어나는 계절이었다. 날씨는 맑고 햇볕은 따뜻하게 내리쬐고 있었다. 밖으로 나가면 어디에서든 아름다운 경치를 마음껏 즐길 법한 날이었다. 그러나 내 마음은 정반대의 세상이었다. 비가 내리기 전 우중충하게 흐리고 답답한 날씨. 딱 그런 느낌이었다. 유독 지치는 날이었다. 반복되는 육아의 힘겨움, 보장할 수 없는 미래는 내 가슴을 꽉 막아놓았다. 이 상태에서는 아무리 좋은 것을 보려고 해도 어떠한 감흥을 느낄 수 없었다. 마음의 세상이 어두운 상태에서는 아무것도 되질 않았다.

'빛? 이건 무슨 노래야?'

그때 한 대화방을 통해 노래 한 곡이 눈에 들어왔다. TV 프로그램

〈위키드〉에서 소개되었던 노래인데 제목은 '빛'이다. 평소 같았으면 낯선 노래를 대수롭지 않게 넘겼을 것이다. 그러나 나도 모르게 이 노래에 주의를 기울이고 듣게 되었다. 노래는 아이들의 음성으로 흘러나온다. 목소리가 순수하고 맑다. 때 묻지 않은 듯 맑고 청아한 목소리는 내 귀를 금세 사로잡았다.

"♬ 항상 네 곁에서 널 위로해 줄게. 울지 마 눈물 닦아줄게 나의 친구야~♪"

가사는 첫 파트부터 나를 위로했다. 지치고 힘든 마음에 다가와 누군가가 속삭이는 듯했다. 후렴구로 가면서 소리는 점점 환상적이고 웅장해지며 내 가슴에 희망을 불어넣어주었다. 눈물 한 바가지와 함께 무거웠던 마음이 씻겨 내려가는 기분이었다. 그날 나에게 필요했던 건 누군가의 위로였나 보다. 그걸 다름 아닌 노래가 선물해 준 것이다. 그제야 예쁜 벚꽃이 시야 안으로 들어왔다. 우연히 만난 노래 덕에 내 마음은 정화되어 세상의 아름다움을 만끽할 수 있었다.

음악에 반응하는 것은 지극히 자연스럽고 익숙한 인간의 모습이다. 더구나 인간은 선천적으로 내면에 음악을 지니고 태어난다고 하는데, 그 이유는 엄마의 자궁 속 환경에 있다. 자궁 안에서 아이는 엄마의 움직임이 만들어내는 소리와 리듬, 양수를 거쳐 전해지는 외부의 소리와 리듬을 건네받는다. 이러한 환경은 태아 때부터 기초적인 음악을 경험하게 한다. 그러므로 인간과 음악은 떼려야 뗄 수 없는 숙명적인 관계라고 볼 수가 있다. 이렇게 인간과 밀접한 음악은 우리의 삶에 함께하며 여러 가지 긍정적인 작용을 하는데, 가사가 결합되면 더욱 특별한 힘을 가진다. 노래 가사는 인간 내면의 사고와 감정을 반영하여 구성된다. 이로 인해 노래를 통해 자연스럽게 투사가 이루어지고, 자신의 문제를 인식하게 되며, 삶의 목적과 방향을 찾도록 도움 받을 수 있다.

음악이 주는 다양한 긍정적인 효과는 전문적인 치료 현장에서도 사용되고 있다. 이를 위해 적절한 교육을 받은 전문가가 문제를 파악하고 목표를 설정한 가운데 치료적인 개입을 진행한다. 하지만 우리의 일상에서도 가능하다. 물론 전문적인 치료 현장을 만들어갈 수는 없겠지만 음악이 주는 유용한 효과는 얼마든지 활용할 수 있다. 이미 우리는 곳곳에서 음악과 함께 살아가고 있다. 여러 가지 기술의 발달로 인해 마음만 먹으면 원하는 음악을 찾아 듣는 것도 쉬워졌다. 그러니 활용해 보자. 음악이 주는 긍정적인 자극과 변화를 만끽해 보자. 음악과 함께하는 육아는 엄마에게 조화롭고 풍요로운 생활을 가져다줄 것이 분명하다.

'내 마음의 사운드트랙'으로 마음속 결핍을 채우자

'졸졸졸~'

물 흐르는 소리가 들린다. 물을 순환하기 위해 설치한 우리 집 어항에서는 물줄기가 졸졸 흐르고 있다. 이 소리를 들으니 자연의 소리가 함께하는 듯하다. 생각해 보니 이 물줄기는 항상 그 자리에서 흐르고 있었다. 그러나 아이들로 인해 시끄러운 순간이거나, 조용한 순간이더라도 내가 귀를 기울이지 않으면 물소리를 인식하지 못하고 지나가곤 했다. 그러고 보면 내 주변에는 참 많은 소리가 있다. 조용히 귀를 기울여보니 지금도 밖에서 들리는 자동차 소리, 오토바이 소리, 놀이터의 아이들 소리 등 많은 소리가 지나간다. 이 또한 귀담아듣지 않으면 내 곁으로 오질 않는다. 처음부터 없었던 것처럼 조용히 사라져버리고 만다.

음악도 마찬가지다. TV 프로그램은 많은 배경 음악을 우리에게 들려준다. 번화가를 조금만 걸어도 수많은 음악이 흘러나온다. 그러나 이 모든 음악은 관심을 주지 않으면 조용히 흘러가는 소리에 그치고 만다. 소리를 붙잡기 위해서는 주의를 기울여야 한다. 음악이 주는 긍정적인 힘을 활용하기 위해서도 의도적으로 주의를 기울이고 적극적으로 감상하려는 노력이 필요하다.

음악을 감상하는 것은 내면의 감정을 자극하고 깨우는 일이다. 음악 감상을 통해 자극받은 감정은 과거의 경험을 상기시키고 그 기억에서 비롯된 내면의 상처를 치유하는 데 도움이 된다. 그렇다면 어떤 음악을 감상해야 하는 것일까? 결론은 간단하다. 자신이 좋아하는 음악이면 된다. 좋아하는 음악은 내면의 결핍을 채워주는 작용을 한다. 어떠한 음악을 듣고 감동을 받았거나 좋아졌다는 것은 그 음악이 내면을 자극하여 결핍된 부분을 보완하거나 해소하면서 얻게 된 만족감이 생겼다는 것이다. 그러나 평소 자신이 좋아했던 음악이라 할지라도 같은 음악이 매번 좋은 느낌으로 들릴 수는 없다.

우리의 삶은 끊임없이 변화하고 있으며, 각자의 상황과 감정 상태에 따라 느껴지는 것은 다를 수밖에 없기 때문이다. 그러므로 좋아하는 음악 중에서도 그날그날의 감정과 욕구에 따라 유독 끌리는 음악을 선정할 필요가 있다. 무의식적으로 끌리는 음악을 선정하는 것은 자기 내면의 욕구나 결핍을 드러내는 행위라고 볼 수 있으며, 듣고 싶은 음악을 듣는 것, 그 자체로 치료적인 행위이기 때문이다.

그런데 여기에서 한 가지 의문이 생긴다. 기분이 다운되는 순간에 슬픈 음악이 듣고 싶다면 그 음악을 들어도 괜찮은 걸까? 우울한 감정에 휩싸여 힘들어지는 것은 아닐까? 나는 한때 우울한 마음이 느껴질 때 기분을 전환하기 위해 일부러 밝은 노래를 찾아 들었다. 그러나 우울한 상태에서 듣는 노래 속 밝은 메시지는 오히려 현실을 한탄하게 했다. 나를 더욱 힘겹게 만들었다.

자신의 마음이 힘든 상황이라고 애써 밝은 노래를 선택할 필요는 없다. 우울하고 슬픈 음악이라 할지라도 듣는 사람의 내면 상태와 비슷한 음악이라면 그 음악은 마음을 열 수 있는 채널이 되어준다. 이와 함께 내면의 감정을 분출하면서 카타르시스와 치유를 경험하는 기회를 만날 수가 있다. 따라서 현재 자신의 감정과 욕구에 부합하는 음악을 선정하는 것이 우선이며, 점차적으로 음악의 분위기를 바꿔주는 것이 좋다.

내 휴대폰에는 나만의 음악 리스트가 있다. 내가 좋아하는 음악 모음이다. 나는 스스로에게 이렇게 질문한다.

'너는 지금 어떤 느낌의 음악이 필요할까?'

'지금 너의 욕구를 채워줄 수 있는 음악은 무엇일까?'

그리고 선택적인 감상을 시작한다. 한 곡을 여러 번 듣기도 하고, 여러 곡을 차례로 듣기도 한다. 음악을 들을수록 음악에 대한 관심 영역도 변화하며 확대되어간다. 가사가 없는 조용한 음악을 싫어했던 내가 이제는 그런 음악을 즐겨 들으며 마음을 다잡는다.

이러한 변화와 함께 새로운 음악이 좋아지면 그 음악을 리스트에 추가한다. 정답은 없다. 음악 선정의 기준은 바로 '나'일 뿐이다. 그래서 나는 이 음악 리스트를 '내 마음의 사운드트랙'이라고 말하고 싶다. 오른쪽 표의 리스트가 바로 내가 선정한 '내 마음의 사운드트랙'이다. 휴대폰에 저장된 '내 마음의 사운드트랙'은 마음의 결핍을 채워주기도 하고, 여유와 안정을 찾도록 도와준다. 때로는 귀에 딱지가 앉도록 들어온 각종 동요로부터 벗어나 해방감을 얻기도 한다.

독자 여러분도 자신만의 '내 마음의 사운드트랙'을 만들어보자. 그리고 조용히 감상하는 시간을 가져보자. 리스트를 정리해 놓으면 자신이 필요한 순간에 원하는 음악을 쉽게 선곡할 수가 있다. 한 가지 염두에 둘 것은 폭발적인 굉음과 함성이 많은 록 음악과 헤비메탈은 마음에 혼란을 줄 수 있기 때문에 신중하게 선택하는 것이 좋다.

어쨌든 적극적인 음악 감상을 통해 잠시나마 육아 스트레스로부터 벗어나보자. 엄마 마음의 부족함을 채워주고, 삶을 더욱 풍요롭게 만들어주자.

행복과 희망	매일매일 토닥토닥
출발 -김동률 행복을 주는 노래 -김광진 행복의 주문 -커피소년 참좋다 -양희은 유자차 -브로콜리너마저	수고했어 오늘도 -옥상달빛 인턴 -옥상달빛 빛 -위키드 핑크팀 힘내 -커피소년

유독 외롭고 힘든 날(삶이 요동친다고 느낄 때)	나의 꿈
걱정말아요 그대 -이적 같이 걸을까 -이적 어른이 될 시간 -옥상달빛 내가 니 편이 되어줄게 -커피소년 오르막길 -윤종신 바람의 노래 -소향 이 또한 지나가리라 -신승훈	괜찮아 -베란다 프로젝트 거미의 꿈 -카니발 말하는 대로 -유재석&이적 스케치북 -토이 지친 하루 -윤종신(with 곽진언, 김필) 비상 -임재범 꿈을 꾼다 -서영은

동요는 잠시 그만! 엄마의 노래를 소환하자

"음음음~ 음음~"

아이가 혼자서 흥얼거렸다. 아이의 입에서 처음으로 동요가 아닌 다른 노래가 흘러나온다. 더구나 평소에 내가 즐겨 듣던 노래 아닌가. 문득 가사도 짧게 비친다. 기분이 묘했다. 우리가 연결된 느낌이랄까. 내가 억지로 다가가려 애쓰지 않아도 이 노래 한 곡으로 우린 함께하고 있었다.

아이가 생기니 집 안 분위기가 많이 바뀌었다. 자연스레 만화 주제곡과 동요가 소환되고, 무한 반복으로 들었다. 아이들에 대한 배려와 아이들의 취향을 따라간 결과였다. 물론 아이가 즐거워하는 모습을 보면 흐뭇했다. 그러나 계속 듣다 보면 나는 점점 지루해지고 내 영혼이 없어지는 느낌이었다. 반면 나를 위한 음악 감상의 시간은 혼자 있는 조용한 시간에 이루어질 수밖에 없었다. 주로 아이들을 재우고 난 뒤의 시간, 어린이집에 등원시킨 뒤의 시간이었다.

이렇게 시간을 따로 내어 듣던 음악 감상의 시간은 점점 내 일상 곳곳에 초대되었다. 청소를 하며 내가 좋아하는 음악을 틀어놓고 따라 불렀다. 아이들과 함께하는 시끌벅적한 시간에도 음악을 들으며 따라 불렀다. 자연스레 아이들도 관심을 갖기 시작했다. 잠을 자기 전에는 함께 누워 뒹굴거리며 음악을 듣고 함께 따라 불렀다.

"엄마는 요즘 이 노래가 너무 좋아. 그래서 지금 이 노래 들을 거야. 너희는? 요즘 어떤 노래가 좋아? 우리 각자 좋아하는 노래 한 곡씩 듣고 잘까?"

어느새 그 시간은 우리의 일상에서 즐기는 놀이가 되었다. 때로는 아이들이 먼저 선곡을 하기도 한다.

"엄마! 엄마! 그 노래 틀어줘. 엄마가 좋아하는 노래 '스케치북' 말야."

"엄마 그 노래 있잖아~ 엄마가 어제 불렀던 거, 그 노래 틀어줘."

아이들과 나는 함께 노래를 따라 부른다. 그러면 기분이 꽤 괜찮다. 아이들이 내가 좋아하는 노래에 관심을 보이니 육아 속 나의 존재마저도 상기시켜주는 느낌이다. 일방적으로 쫓아가는 육아가 아니라 아이들과 내가 함께 가는 느낌이다. 서로의 관심을 공유하니 우리가 함께하는 교집합이 더욱 강해지는 느낌이다. 어느 순간 음악은 이렇게 우리에게 소통의 시간을 만들어주었다.

이처럼 함께 노래를 부르는 활동은 서로의 정서와 경험을 공유하는 기회를 준다. 이때 발생하는 에너지는 각 개인을 공동체 안에서 통합할 수 있도록 도와준다. 엄마와 아이가 함께 노래를 부르면 같은 노래를 공유하면서 상호 작용하는 시간을 가질 수 있고 이것은 아이가 안정감과 신뢰감을 갖는데도 도움이 된다. 이 때 함께 부를 노래는 꼭 아이에게 맞춰 만화 주제곡과 동요만 고집할 필요는 없다는 것이 나의 생각이다. 엄마와 아이가 함께 즐거울 수 있다면 엄마가 좋아하는 노래를 통해서도 충분히 소통하고 놀이를 할 수가 있으니 말이다. 더구나 엄마 자신도 기분 좋게 즐기며, 육아에서도 숨통이 트일 수 있는 유익한 놀이이고 대화 아닌가. 엄마가 노래를 통해 위로받고 기분이 좋아진다면 아이 또한 그 느낌을 받으면서 편안함을 느낄 수 있다. 엄마는 노래를 통해 좋은 에너지를 얻고, 아이 또한 엄마의 긍정적인 느낌을 받으면서 소통할 수 있으니 일석이조의 유용한 놀이인 셈이다.

아이와 함께하는 바디 퍼커션: 두드리며 서로를 조율한다

"와~ 신기하다."

유튜브를 통해 바디 퍼커션을 보여주니 아이들이 호기심을 가지고 눈을 반짝거린다.

"신기하지? 우리 몸이 악기가 되는 거야. 우리도 한번 해볼까?"

사실 나도 처음엔 신기했다. 몸에서 소리가 나고 리듬을 맞춰 음악을 만들다니 새롭고 즐거운 경험이었다. 그 경험은 6주간의 음악 치료 강의를 통해 얻게 되었다. 강의를 통해 만난 우리 조 구성원들은 함께 바디 퍼커션body percussion을 만들었다.

노래는 '산토끼'다. 동작에 집중하기 위해 가장 쉽고 편안하게 부를 수 있는 노래로 선정했다. 구성원들이 해야 할 리듬을 두 파트로 나누었다. 잠깐의 연습이 끝난 뒤 무대 앞으로 나가 우리 조의 바디 퍼커션을 발표했다.

"♬ 산~토끼 토끼야 어~디를 가느냐~ ♪"

둥둥짝.

짝짝쿵.

두 개의 리듬과 소리가 한 곡의 노래 속에 어우러지니 멋진 공연이 되었다. 물론 우리만의 소소한 공연이기는 했지만 말이다. 바디 퍼커션은 신체를 활용하여 리듬과 소리를 표현하는 음악 활동이자 신체 활동이다. 음악에 맞춰 신체를 움직이면 음악과 움직임이라는 복합적인 활동을 통합적으로 수행하면서 문제 해결 능력과 집중력을 향상시킬 수 있다. 또 타인과 어우러져 바디 퍼커션을 함께하면 서로의 정서와 활동을 교류하면서 사회성을 높이는 기회가 될 수 있다.

그런데 정말 이날의 바디 퍼커션은 우리에게 많은 변화를 가지고 왔다. 같은 목표를 향해 함께 의견을 조율하고 고민하면서 우리 조원은 급속도로 가까워졌다. 바디 퍼커션 발표가 끝난 다음에는 성취감도 느껴졌으며, 다른 조의 발표를 보면서 은근한 경쟁 의식과 함께 우리 조에 대한 소속감과 애착이 강해짐을 느꼈다. 이후 우리 조의 구성원들은 더욱 친근하게 인사를 나눌 수 있었다. 이따금 사적인 이야기까지도 편안하게 오갔다. 바디 퍼커션은 서로 하나가 되는 감정을 느끼게 도와주면서 우리 관계의 서먹함을 빠른 속도로 허물어뜨렸다. 덕분에 우리는 서로에 대한 친밀감을 강하게 느낄 수 있었다.

바디 퍼커션을 통해 남았던 여운은 집으로까지 이어졌다. 그래서 아이들과 함께 활동해 보기로 했다. 우리도 노래를 선곡했다. 짧고, 쉽고, 모두가 아는 노래로 결정했다. 제목은 '떴다 떴다 비행기'이다. 아이들에게 물었다.

"너는 어떻게 두드릴 거야?"

"음…… 나는 이렇게…….."

첫째는 나름대로 자기만의 소리와 리듬을 만들었다.

"그럼 너는?"

"나는 이렇게 할래."

둘째도 아이디어를 생각해 냈다.

"그럼 엄마는 이렇게 해야지. 자! 잠깐 각자 연습하는 시간을 갖는 거야~"

우리는 각자 자신의 동작을 신나게 연습했다.

"연습 다 했으면 지금부터 시작한다. 시~작!"

" ♩떴~다 떴다 비행기 날아라 날아라~ ♬"

오우~ 생각보다 괜찮은 작품이 나왔다.

그날의 활동 이후로 아이들은 나에게 이렇게 말했다.

"엄마! 그거 또 하자. 두드리는 거."

꽤나 재미있었나 보다. 횟수가 늘어가니 아이들이 만들어내는 동작도 다양해진다. 그 안에서 자신만의 창의력을 발휘해 간다. 노래와 함께 주어진 동작을 완수하면서 집중력과 성취감, 책임감도 경험한다. 나 또한 즐거움을 얻는다. 어떠한 눈치를 볼 필요도 없다. 실수하면 재미있는 에피소드가 되고, 잘되면 우리만의 멋진 작품이 된다. 나는 나대로, 아이는 아이대로 각자의 소리와 리듬을 만들고, 그 소리와 리듬을 조율하면서 하나의 음악을 만들어낸다.

문득 이런 생각이 들었다. 어쩌면 엄마는 이미 육아 안에서 음악을 만들고 있었던 것은 아닐까. 엄마가 만들어내는 삶의 소리와 리듬, 아이들이 각자 만들어내는 삶의 소리와 리듬, 그 각각의 소리와 리듬이 어우러져 만들어내는 것이 바로 육아 아닐까. 앞으로도 우리는 각자가 내는 소리와 리듬을 적절히 조율하면서 나아가야 할 것이다. 그것이 바로 엄마가 가야 할 육아의 여정이자 아이와 함께 가야 할 삶의 여정이기 때문이다.

 엄마와 아이가 함께 즐기는 바디 퍼커션

1. 아이에게 바디 퍼커션에 대해 간단히 설명한다. '몸 악기'라든지, '몸으로 소리 내기'라든지 아이가 이해하기 쉬운 언어로 설명하면 된다. 인터넷에서 바디 퍼커션 공연을 찾아 동영상으로 보여준다면 아이들의 관심을 더욱 높일 수 있다.

2. 여러 가지 질문을 하면서 자유롭게 생각하고 표현하도록 돕는다.
   ① 몸으로 어떤 소리를 낼 수 있을까?
   ② 손으로 낼 수 있는 소리는 뭐가 있을까?
   ③ 발로 낼 수 있는 소리는 뭐가 있을까?
   ④ 여기를 두드리면 어떤 소리가 날까?

3. 함께 노래를 선정한다. 아이와 엄마의 의견을 반영하여 조율하도록 한다. 동작에 방해가 되지 않도록 쉽고 익숙한 노래를 먼저 선정하는 것이 좋다.

4. 각자가 만들어낼 신체 소리와 리듬을 결정한다. 이때 아이가 스스로 결정하도록 하는 것이 좋다. 그러나 어린아이일수록 스스로 결정하기가 어려울 수 있다. 이럴 때에는 엄마가 앞장서서 단순하고 쉬운 동작을 가르쳐줘도 괜찮다. 어렵게 생각할 필요는 없다. 손뼉만 치는 단순한 동작만으로도 함께 음악을 만들어낼 수 있으니 말이다.

5. 동작이 익숙해지도록 간단히 연습을 한다.

6. 선정한 노래를 부르며 각자 연습한 동작과 소리를 함께 연주한다. 틀려도 괜찮다. 리듬과 음악이 어울리지 않아도 괜찮다. 엄마와 아이가 서로 교감하면서 그 시간을 만들 수 있다면 그것으로 충분하다.

MEMO

나를 살리기 위해 시작한 치유의 여정은 어느덧 여기까지 이어졌다. 약 10년의 기간 동안 나는 두 명의 아이를 낳고 길렀으며, 끊임없는 시행착오를 경험해야 했다. 때로는 반복되는 고민이 밤낮으로 이어졌다. 그만큼 육아는 내 삶을 뒤흔드는 혹독한 과정이었다. 그럼에도 불구하고 다시 멈추고 나를 바라봤으며, 다시 다독이면서 나를 일으켜 세웠다. 이 과정과 함께했던 치유 도구들은 다양한 방법으로 나 자신을 만나게 하고, 성장하도록 도와주었다. 내가 태어나서 가장 잘한 일이라고 자부하는 것이 바로 이것이다. 힘겨운 상황 속에도 꾸준히 마음공부를 이어나간 것. 다양한 도구들을 연습하고 나 자신을 돌아보고 치유해 나간 것. 덕분에 나는 참 많은 것을 얻을 수 있었다.

먼저 병적인 불안이나 공황 장애, 강박으로부터 자유를 얻었고, 내 마음에 여유가 생겨났다. 사람의 마음에 대한 이해도가 깊어지고 넓어졌으며, 이는 내 아이들과 다른 이들까지 공감하고 포용하는 힘을 주었다. 자존감은 높아졌고, 부정적인 삶의 태도는 점차 긍정적으로 변화하였다. 하지만 나는 여전히 흔들릴 수밖에 없다. 이것은 보통의 인간으로서 누구에게나 당면한 문제이자, 어디로 향할지 모르는 아이를 키우는 엄마의 숙명과도 같다. 고로 내가 할 일은 이 과업을 잘 받아들이고,

여전히 나를 바라보고, 여전히 나를 보살피면서, 다시 중심을 잡기 위한 꾸준한 시도를 이어가는 것이다. 한때는 이 과정을 통해 내가 대단한 엄마가 될 거라는 착각을 했었다. 어리석게도 또 다른 완벽을 향해 달려가는 나 자신을 발견할 수 있었다. 그러나 세상 어디에도 완벽은 없었다. 육아도 치유도 삶의 여정도 그저 꾸준히 경험하고 만들어 가야 하는 과정일 뿐이었다. 이 과정을 통해 자신을 성찰하고 성장시킬 수 있다면 그것으로 충분히 괜찮은 삶이었다. 이제는 내가 경험했던 치유의 여정을 독자 여러분이 경험해 보기를 바란다. 자신을 위해, 아이를 위해, 꾸준히 성장해 나가는 충분히 괜찮은 삶의 여정을 만끽해 보기를 바란다.

일단은 시작해 보자! 내가 소개한 치유의 방법들 가운데 가장 마음에 와 닿는 방법이 무엇인가. 자신에게 필요하다고 여겨지는 방법이 무엇인가. 호기심을 자아내는 방법이 무엇인가. 무엇이든 괜찮다. 적은 시간을 마련하고, 그 시간 속에서 자신을 마주하고 연습하고 경험해 보자. 시작이 없으면 과정도 없다. 작은 것이 없으면 큰 것을 만나기도 어렵다. 작은 발걸음이 쭈욱 이어진다면 그것은 더욱 깊어지고 넓어지는 치유의 역사가 된다. 엄마가 만들어간 치유의 역사는 삶의 지혜가 되고, 더 넓은 마음이 되어 아이들에게 내어줄 큰 그릇으로 변화해 갈 수 있다. 이제는 여러분 안에 있는 진정한 가치를 하나씩 만나볼 때이다.

MOM FIRST 맘 퍼스트
엄마가 행복한 육아

—

초판 1쇄 인쇄 2020년 11월 10일
초판 1쇄 발행 2020년 11월 13일

—

지은이 정지연
펴낸이 이수정
펴낸곳 북드림
진행 신정진, 권수신
표지 및 본문 디자인 프롬디자인
마케팅 이운섭

—

등록 제 2020-000127 호
주소 서울시 송파구 오금로 58 916호(신천동, 잠실 아이스페이스)
전화 02-463-6613
팩스 070-5110-1274
도서 문의 및 출간 제안 suzie30@hanmail.net
ISBN 979-11-972001-0-6 (13590)

—